景观设计获奖作品集——
第七届全国高校景观设计毕业作品展

Awarded Collection of Landscape Design and Planning
The 7th Chinese Landscape Architecture Graduate Works Exhibition

北京大学建筑与景观设计学院　主编

U0285576

中国建筑工业出版社

组织机构

主办单位： 北京大学建筑与景观设计学院

中国建筑工业出版社

承办单位： 景观中国 www.Landscape.cn 　《景观设计学》杂志 www.lachina.cn

协办院校（按拼音字母排序）：

安徽建筑工业学院建筑与规划学院	安徽农业大学园林学院
北京建筑工程学院建筑与城市规划学院	北京工业大学建筑与城市规划学院
长江大学	长安大学建筑学院
重庆文理学院美术学院	重庆大学建筑学院
东海大学	东南大学建筑学院
东北师范大学人文学院	福建农林大学艺术学院
福建农林大学园林学院	福州大学厦门工艺美术学院
福建工程学院建筑与规划系	广西大学林学院
广州美术学院	贵州大学艺术学院
哈尔滨工业大学	河南工业大学
河南科技学院园林学院	河南农业大学
河南农业职业技术学院	河北大学艺术学院
河北科技师范学院	湖北美术学院艺术设计学院
湖南大学建筑学院	华南理工大学建筑学院
华中科技大学建筑与城市规划学院	华中农业大学园艺林学学院
济南工程职业技术学院	江西农业大学园林与艺术学院
江南大学设计学院	景德镇陶瓷学院设计艺术学院
鲁迅美术学院环境艺术系	内蒙古农业大学林学院
内蒙古农业大学材料科学与艺术设计学院	内蒙古师范大学国际艺术学院
南京工程学院艺术与设计学院	南京林业大学风景园林学院
南京铁道职业技术学院	南京艺术学院设计学院
南阳理工学院	攀枝花学院艺术学院
清华大学建筑学院	山东大学威海分校
山东工艺美术学院建筑与景观设计学院	山东建筑大学艺术学院
山东农业大学林学院	山东师范大学美术学院
上海交通大学农业与生物学院	上海交通大学媒体与设计学院
深圳大学艺术设计学院	沈阳建筑大学建筑与规划学院
顺德职业技术学院艺术设计系	四川美术学院设计艺术学院
四川美术学院美术教育系	四川机电职业技术学院
苏州科技学院建筑与城市规划学院	苏州大学金螳螂建筑与城市环境学院
天津美术学院艺术设计学院	台湾勤益科技大学
天津大学建筑学院	天津大学仁爱学院
同济大学建筑与城市规划学院	武汉科技大学艺术与设计学院
西安建筑科技大学建筑学院	西安建筑科技大学艺术学院
西安美术学院建筑环境艺术系	西安石油大学人文学院
西北农林科技大学林学院	西华大学艺术学院
西南大学园艺园林学院	西南交通大学
香港大学建筑学院园境学部	云南大学城市建设与管理学院
肇庆学院生命科学学院	浙江万里学院设计艺术与建筑学院
浙江工业大学	周口师范学院

组织机构

协办企业：

AECOM 规划+设计、意格国际、ATLAS、泛亚国际、EDSA 、MCM集团、HASSELL、土人设计、广州土人、加拿大奥雅、深圳新西林、天津天一、广州太合、易德地景、深圳毕路德、中山品上、苏州致朗、成都景虎、上海奇特、广州科美、深圳赛瑞、加拿大笛东联合、浙江大庄、上海广亩、浙江华坤、德国沃思兰德、北京观筑、北京海地

支持学术机构：

亚洲景观设计师协会AALA	中国美协环境艺术设计委员会
国际景观设计师联盟IFLA	美国景观设计师协会ASLA
欧洲景观教育大学联合会ECLAS	香港园境师学会
台湾造园景观学会	台湾景观学会

支持媒体：

《景观设计》、《国际新景观》、《风景园林》、《中国园林》、《城市环境设计》、《中国勘察设计》、《楼市》、《国土绿化》、中国花卉报、中华建报、建设市场报、CCTV-7《绿色时空》、新浪房产、搜房网、建筑英才网、Lagoo中国、Far2000、筑龙网、中国风景园林网、中国建筑与室内设计师网、中国建筑艺术网、中国城市规划行业信息网、中国城镇水网、中国绿化网

学术委员会
学术委员（按拼音字母排序）：

白恒勤	白 杨	鲍戈平	包满珠	包志毅	蔡 强	曹 磊	车 伍	陈春妮
陈 刚	陈弘志	陈 晶	陈六汀	陈顺安	陈 炜	丁 山	丁 奇	杜春兰
杜顺宝	戴 睿	段广德	段渊古	谷彦彬	郭选昌	韩 涛	韩 巍	郝卫国
侯 涛	黄耀志	江 芳	姜 龙	姜 鹏	矫克华	康建华	李炳训	李辰琦
李 敏	李 帅	李晓红	廖启鹏	林泰碧	刘滨谊	刘大鹏	刘 晖	刘 丽
刘 素	刘 谯	刘志强	龙国跃	吕 斌	吕勤智	马克辛	马雪梅	彭 军
齐伟民	邱 建	邵 健	邵力民	史 明	石铁矛	舒 悦	宋文沛	苏 丹
孙凤岐	孙念祥	唐 建	唐世斌	汤晓敏	田 野	王葆华	王 浩	王洪涛
王建国	王胜永	王淑芬	王 铁	王向荣	王小璘	吴 昊	吴祥忠	谢 纯
辛艺峰	徐 进	徐苏宁	杨豪中	杨 锐	杨文会	杨远庆	姚亦锋	叶 强
尹传垠	余柏椿	于宏伟	俞孔坚	余 毅	张红卫	张华如	张惠珍	张 剑
张建林	张 平	张 炜	张新友	赵 婧	赵 茸	郑洪乐	郑 阳	钟国庆
周长积	周 晨	周中玉	朱木滋	朱 凯				

秘 书 长： 李迪华

副秘书长： 王秀丽

秘 书 处： 宋俊伟　张国丰　陈丽丽　佘依爽　张保利
　　　　　　王幼乐　谢丽娟　孙 姝　聂 淼　侯 越

第七届全国高校景观设计毕业作品展活动介绍：

2011 年"第七届全国高校景观设计毕业作品展"自征集以来，共收到来自全国各地 145 个院校的有效作品总数量共 512 件，其中学校报名作品 378 件，个人参展作品 134 件，160 余所高校师生再一次掀起了景观设计界学习、交流、进取、超越的热潮。评选以作品为对象，对学校提交的参展作品和个人提交的参展作品无区别对待，经过三轮的严格评选，"第七届全国高校景观设计毕业作品展"已经评选出全部获奖作品共计 105 件，其中：荣誉奖和单项奖共 34 件、优秀奖作品 71 件，2011 年 10 月 15—16 日 "北京大学建筑与景观设计学院国际论坛——设计的生态"上为获得荣誉奖和单项奖的获奖者颁奖。获奖作品集于 2012 年出版发行。至 2011 年 10 月开始，全部参展作品在景观中国网站学生作品展专题网站进行网络展览，同时，全部获奖作品还将在北京、珠海、长沙、南京、上海、重庆、青岛、西安、呼和浩特等十多个城市进行巡回展览，巡回展览免费向全社会公众开放，更多活动详情请登录活动专题网站：http://expo.landscape.cn/。

评选方法：

1. 由各个高校专业骨干教师组成的评委团（以下简称"教师评委团"），对全部作品进行评审、点评、打分，组委会对"教师评委团"的评选结果进行整理，根据教师评委团打分及点评结果，评选出入围作品名单；

2. 由组委会邀请的相关专家、资深设计师组成中评小组，结合"教师评委团"的点评结果，对入围作品进行评选，评选出优秀奖作品获奖名单；

3. 由参加"北京大学建筑与景观设计学院国际论坛"的特邀专家组成的评委组，结合中评阶段评委的推荐意见，评选确定最终的荣誉奖和各类单项奖获奖名单。

评分标准：

评分标准从以下五个方面考虑，"景观规划 (Landscape Planning)"类作品和"景观设计 (Landscape Design)"类作品评价的内容不完全一致：

	标 准	景观规划	景观设计	最高得分
S	对场地现状的分析评价与规划、设计原则	对场地及其周边地区的自然、社会、经济、历史文化等要素的综合分析与评价，针对现状存在的问题、挑战和机遇提出解决问题的原则与战略，包含借助地理信息系统工具(GIS)进行分析的情况。	对场地现状要素的分析与评价，以及地方性设计条件的把握和理解。	30
L	总体布局与空间联系	依据活动功能或景观类型划分的空间区域布局合理，结构关系明确，空间组织清晰，尺度把握得当，整体关系协调完整。	物理空间构成与布局合理有效，尺度感强，景观要素的运用符合对人和自然关怀的基本原则。	20
E	对生态、乡土文化和可持续性的考虑	方案体现对地方和场地内自然和文化遗产以及非物质遗产的保护、展示，以及对全球性、区域性和局地性生态、环境和资源问题的关注。	对场地生态、文化价值的考虑和表现，关爱自然和环境，大胆采用生态设计和生态技术手段，以及生态工程方法。	15
I	方案(解决问题)创新	针对问题和机遇，解决问题方案具有合理性和创新性；场地现状分析评价结果、规划目标、原则、理念与规划成果一致性强。	方案建立在深入的场地理解的基础之上，针对性强；设计目标、原则、理念与设计成果一致性强。	15
T	绘图表现技能与图面艺术效果	内容表述清楚、逻辑、规范，一目了然；标题、关键字、说明文字明确简练，图文比例得当、色彩搭配协调优美。	对方案全部内容表述清楚、规范，一目了然；图文比例得当、色彩搭配协调优美；图面富有艺术感染力。	20

以上五项标准供评委作为评选参考。

奖项设置：

◎ **优秀奖：** 不超过全部参展作品数量的30%。

根据分值情况将选取部分收录在由中国建筑工业出版社出版的《第七届全国高校景观设计毕业作品展获奖作品集》中。

◎ **荣誉奖：** 10~30名，从优秀奖中评出，"北京大学第八届景观设计学教育大会暨2011中国景观设计师大会"为获奖作者颁奖。并将全部被收录在由中国建筑工业出版社出版的《第七届全国高校景观设计毕业作品展获奖作品集》中。

荣誉奖获奖作品是"评分标准"中各项内容均表现突出，是一件场地分析、解决方案和设计表达等方面俱佳的作品。

◎ **八类单项奖：** 8~40名，从优秀奖中评出，同一作品最多可以获得不超过3项单项奖（不含荣誉奖），"北京大学第八届景观设计学教育大会暨2011中国景观设计师大会"为获奖作者颁奖。并将全部被收录在由中国建筑工业出版社出版的《第七届全国高校景观设计毕业作品展获奖作品集》中。

最佳选题奖： 作品选题具有开拓性，主题新颖、内涵鲜明，具有很强的学术研究与设计理论探讨价值，能够激发学生探索和创造的欲望，0~5名。

地球关怀奖： 作品在节地、节水、节能、保护生物多样性和维护自然系统完整性等方面提供了创新性解决方案或者概念，0~5名。

人类关怀奖： 作品在人性化设计、安全设计、促进人与人之间交流等方面提供了具有创新性解决方案或者概念，0~5名。

文化关怀奖： 作品在历史文化认同、物质和非物质文化保护与展示等方面提供了具有创新性的解决方案或者概念，0~5名。

最佳场地理解与方案奖： 景观设计类作品，参照评奖规则，对场地特征的理解和把握准确，并有效地指导设计方案，0~10名。

最佳分析与规划奖： 景观规划类作品，参照评奖规则，针对项目和场地的分析系统，并有效地指导规划方案，0~10名。

最佳设计表现奖： 方案全部内容表述清楚、规范，一目了然；图文比例得当、色彩搭配协调优美；图面富有艺术感染力，0~5名。

想象与超越奖： 作品在突破目前的教育思想、设计形式、设计表达、探讨解决方案等方面有跨越性的思考和表达，0~5名。

第七届全国高校景观设计毕业作品展全国巡回展览

巡展行程安排：

2011年10月28日—31日	北京大学建筑与景观设计学院
2011年11月10日—16日	北京理工大学珠海学院设计与艺术学院
2011年11月22日—27日	湖南商学院设计艺术学院
2011年12月10日—15日	福建农林大学艺术学院
2011年12月23日—28日	江西景德镇陶瓷学院设计艺术学院
2012年02月20日—25日	南京艺术学院设计学院
2012年03月03日—08日	重庆大学艺术学院
2012年03月15日—20日	广州大学建筑与城市规划学院
2012年03月27日—30日	青岛理工大学建筑学院
2012年04月23日—27日	周口师范学院
2012年04月23日—30日	黄淮学院艺术学院
2012年05月04日—10日	西北农林科技大学艺术系
2012年05月10日—15日	内蒙古师范大学国际艺术学院
2012年05月21日—25日	内蒙古科技大学建工学院

巡展城市：

北京 珠海 长沙 福州 景德镇 南京 重庆 广州 青岛 杨凌 周口 驻马店 呼和浩特 包头

第七届作品展评委成员：

俞孔坚	北京大学建筑与景观设计学院院长、教授、博士生导师、《景观设计学》杂志主编
李迪华	北京大学建筑与景观设计学院景观设计学研究院副院长、《景观设计学》杂志副主编
孔祥伟	北京观筑景观设计公司总设计师
轰 伟	北京土人景观与建筑规划设计研究院副院长、土人第二分院院长
庞 伟	广州土人景观顾问有限公司总经理兼首席设计师
李宝章	加拿大奥雅景观规划设计事务所创始人、董事及设计总监
马晓暐	意格设计总裁兼首席设计师
凌世红	北京土人景观与建筑规划设计研究院第二分院总工
刘向军	北京土人景观与建筑规划设计研究院第二分院总工
蔡 强	深圳大学景观设计系主任
曹 磊	南京林业大学艺术设计学院环境艺术设计系主任
陈春妮	云南大学艺术与设计学院景观艺术设计教师
陈 晶	河南工业大学设计艺术学院教研室副主任
陈六汀	北京服装学院教授
戴 睿	东北师范大学人文学院教研室主任
段渊古	西北农林科技大学林学院艺术系教授
韩新明	西南科技大学文学与艺术学院党委副书记
韩周林	绵阳师范学院城乡建设与规划学院教研室主任
何贤芬	浙江万里学院设计艺术与建筑学院
洪惠群	广州大学建筑与城市规划学院景观设计系副教授
侯 涛	武汉科技大学艺术与设计学院教师
矫克华	青岛大学美术学院环艺教研室主任
居 萍	扬州环境资源职业技术学院园林园艺系园林教研室主任
雷柏林	西安工业大学艺术与传媒学院艺术设计系主任
李辰琦	沈阳建筑大学副院长、系主任
李 慧	广东轻工职业技术学院艺术设计学院教师
李晓红	青岛理工大学艺术学院艺术设计教研室主任
林 波	厦门大学嘉庚学院艺术设计系主任助理
刘大鹏	沈阳建筑大学建筑与规划学院景观系教师
刘福智	青岛理工大学建筑学院景观学系主任
刘 谯	南京艺术学院设计学院景观系主任
龙国跃	四川美术学院设计艺术学院环境艺术系主任
陆晓云	南通大学艺术学院副教授
彭 军	天津美术学院副院长、环境艺术设计系主任
邵 健	中国美术学院建筑艺术学院景观设计系主任
邵力民	山东工艺美术学院副院长
史 明	江南大学设计学院建筑与环境艺术设计教学负责人
舒 悦	西华大学艺术学院艺术设计系环艺教研室主任
苏剑鸣	合肥工业大学建筑与艺术学院副院长
孙念祥	攀枝花学院艺术学院副院长
汤 辉	华南农业大学风景园林与城市规划系教师
唐 建	大连理工大学建筑与艺术学院副院长
田 野	河北大学艺术学院环艺教研室主任
王葆华	西安建筑科技大学艺术学院副教授
王洪涛	山东农业大学林学院园林系主任
王胜永	山东建筑大学艺术学院园林教研室主任
文 静	重庆文理学院美术学院环境艺术设计系环艺教研室主任
吴 昊	西安美术学院建筑环境艺术系主任
张 豪	西安美术学院建筑环境艺术系教师
谢 纯	华南理工大学景观教研室主任
辛艺峰	华中科技大学建筑与城市规划学院艺术设计系副系主任
徐 进	景德镇陶瓷学院设计艺术学院教授
许 慧	深圳大学艺术设计学院讲师
闫启文	沈阳理工大学艺术设计学院教授
杨吟兵	四川美术学院美术教育系副教授
余 毅	四川美术学院美术教育系副主任
苑升旺	内蒙古师范大学国际现代设计艺术学院公共艺术设计系教师
张华如	合肥工业大学建筑与艺术学院艺术设计系副主任
张 英	西安工程大学艺术工程学院副教授
赵 婧	南京铁道职业技术学院软件学院艺术设计系主任
赵 茸	安徽建筑工业学院建筑与规划学院景观设计系主任
赵晓龙	哈尔滨工业大学建筑学院景观与艺术系副系主任
赵 一	沈阳理工大学应用技术学院艺术设计教研室主任
郑洪乐	福建农林大学艺术学院教师
郑 阳	山东大学威海分校艺术学院美术设计系主任
郑媛元	四川师范大学文理学院艺术系教师
钟旭东	福建工程学院建筑与规划系环境艺术设计专业负责人
周 雷	周口师范学院景观教研室主任
周中玉	南阳理工大学艺术设计系教研室主任
朱 凯	广东工业大学艺术设计学院环境艺术设计系教师
高贵平	吉林艺术学院现代传媒学院教授
秦洪伟	天津城市建设学院教师

目录

36 ■■■■■地球关怀奖

作品编号：X149

学校院系名称：中国美术学院建筑艺术学院景观设计系

作品名称：集约墓园 · 时光绿廊

作者：袁勋　吕来书　钟呈蓟

指导老师：沈实现　邵健

38 ■■■■■人类关怀奖

作品编号：G010

学校院系名称：福州大学厦门工艺美术学院环境艺术系

作品名称：连接神经元——厦门慧灵智障人士服务中心园区设计

作者：林茜

指导老师：梁青

40 ■■■■■人类关怀奖

作品编号：G057

学校院系名称：广东轻工职业技术学院设计学院

作品名称：BACK TO LIFE——户外复健空间概念设计

作者：蒋浩杰

指导老师：李慧

42 ■■■■■人类关怀奖

作品编号：X007

学校院系名称：武汉科技大学艺术与设计学院

作品名称：心灵的隐喻——人类情感体验景观设计

作者：张春妮

指导老师：李一霏

44 ■■■■■人类关怀奖

作品编号：X074

学校院系名称：江南大学设计学院

作品名称：新生代农民工廉租社区规划设计

作者：钱岑

指导老师：史明

46 ■■■■■人类关怀奖

作品编号：X289

学校院系名称：西北农林科技大学林学院艺术系

作品名称："殇城 · 重生"舟曲泥石流遗址景观规划设计方案

作者：刘中长

指导老师：陈敏　刘艺杰

48 ■■■■■最佳场地理解与方案奖

作品编号：X225

学校院系名称：西安建筑科技大学艺术学院

作品名称：恢复遗失的土地

作者：武凯　毛双　张瑞坤　朱玮　毕鹏鹏

指导老师：刘晓军　杨豪中

50 ■■■■■最佳场地理解与方案奖

作品编号：X283

学校院系名称：西安工业大学艺术与传媒学院

作品名称：换一个角度看自然——西安世园会广场景观设计

作者：周可昌　徐馨

指导老师：雷柏林　胡喜红

52 ■■■■■最佳分析与规划奖

作品编号：G005

学校院系名称：南开大学文学院艺术设计系

作品名称：空间的记忆

作者：康菲菲

指导老师：高迎进

54 ■■■■■最佳分析与规划奖

作品编号：X229

学校院系名称：西安建筑科技大学艺术学院

作品名称：Drift in City——日本茨城县稻敷市花园城市规划设计

作者：宁一洁　陆大伟

指导老师：张蔚萍　杨豪中

56 ■■■■■最佳分析与规划奖

作品编号：X345

学校院系名称：西安美术学院建筑环境艺术系

作品名称：出土——富平陶艺村景观规划改造

作者：高向攀　刘志民　周昭宜　周梦　李锦平

指导老师：攀帆

58 ■■■■■最佳分析与规划奖｜最佳设计表现奖

作品编号：G110

学校院系名称：北京理工大学珠海学院设计与艺术学院

作品名称：时代　复兴

作者：张斌全

指导老师：王薇

60 ■■■■■最佳设计表现奖

作品编号：G014

学校院系名称：香港大学园境建筑学部

作品名称：战后遗迹空间之追溯与进化

作者：梁溢文

指导老师：Mr. Xylem Leung

62 ■■■■■最佳设计表现奖

作品编号：G018

学校院系名称：香港大学园境建筑学部

作品名称：交通枢纽区域景观——重庆菜园坝高铁站场地区设计

作者：王昉

指导老师：陈弘志　张安

UN-RESERVING RESERVOIR
MULTI-LAYERED WATER INFRASTRUCTURE IN LOWER SHING MUN RESERVOIR

Multi-layered water infrastructure means a thickened version of the traditional water infrastructure. It rediscovers the potential of the traditional reservoir that merely serves a single-layer for technical function in water supply and stormwater management. It becomes a multi-layer public realm supporting both physical and cultural functions in offering a range of activities and services and learning opportunities.

Un-reserving reservoir is a reservoir that does not reserve water and not have a reserved attitude towards its performance. Lower Shing Mun Reservoir is a small reservoir that can be emptied in dry season without affecting the water supply, wasting any water and even enhancing the stormwater capacity in wet season. The possibility of reinventing the events and programs, which gain specific meanings in the site or are not easy to be allocated in elsewhere in Hong Kong is also going to be explored.

To re-establish the **relationship between nature & water resources** through plugging in structures and reinventing surfaces of the reservoir that does not reserve water, which help people to experience time & such replationship.

WATER DISTRIBUTION SYSTEM IN HONG KONG

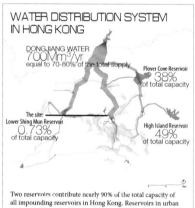

DONGJIANG WATER
700Mm³/yr
equal to 70-80% of the total supply

Plover Cove Reservoir
38%
of total capacity

The site:
Lower Shing Mun Reservoir
0.73%
of total capacity

High Island Reservoir
49%
of total capacity

Two reservoirs contribute nearly 90% of the total capacity of all impounding reservoirs in Hong Kong. Reservoirs in urban area contributes about only 1% of the total capacity. New uses of urban reservoir, i.e. the new water infrastructure, should be explored.

PROJECT DESCRIPTION

SOCIAL LAYER — Neighbour + Social Structure

CULTURAL LAYER — Event + Examplary Action

EDUCATION LAYER — Knowledge + Emotion

function / nature / form

TECHNICAL LAYER — Reservoir = Structures + Land

The water supply structures serve **Educational Layer** in educating the water crisis in China as well as the world. The Gorge and large piece of empty land serve **Cultural Layer** as a performing and exhibiting space. When people gathers together for joining the events occuring in the previous layers, **Social Layer** is formed. It is invisible without people.

11 REASONS OF CHOOSING LOWER SHING MUN RESERVOIR + PRELIMINARY SITE & CONTEXT ANALYSIS

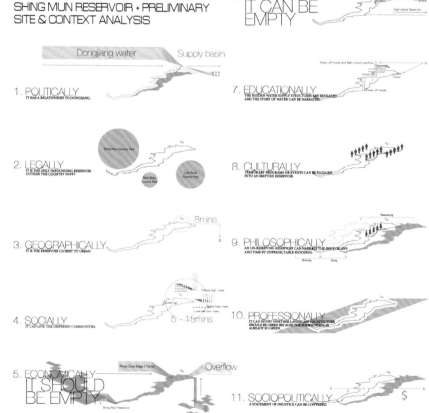

1. POLITICALLY
IT HAS A RELATIONSHIP TO DONGJIANG.

2. LEGALLY
IT IS THE ONLY IMPOUNDING RESERVOIR OUTSIDE THE COUNTRY PARKS.

3. GEOGRAPHICALLY
IT IS THE RESERVOIR CLOSEST TO URBAN.

4. SOCIALLY
IT CAN LINK THE DISPERSED COMMUNITIES.

5. ECONOMICALLY IT SHOULD BE EMPTY

6. TECHNICALLY IT CAN BE EMPTY

7. EDUCATIONALLY
THE HIDDEN WATER SUPPLY STRUCTURES ARE REVEALED AND THE STORY OF WATER CAN BE NARRATED.

8. CULTURALLY
TEMPORARY PROGRAMS OR EVENTS CAN BE PLUGGED INTO AN EMPTIED RESERVOIR.

9. PHILOSOPHICALLY
AN UN-RESERVING RESERVOIR CAN NARRATE THE ISSUE OF LIFE AND TIME BY UNPREDICTABLE FLOODING.

10. PROFESSIONALLY
IT CAN DOUBT WHETHER LANDSCAPE ARCHITECTURE SHOULD BE GREEN BECAUSE THE SURROUNDING IS ALREADY SO GREEN.

11. SOCIOPOLITICALLY
A STATEMENT OF INJUSTICE CAN BE CONVEYED.

编号：G020
名称：不储水的水库：在下城门水塘的多层水基建
作者：霍隽颖
指导：陈弘志
学校：香港大学
院系：园境建筑学部

Major Path (universal access)
Walker only
Cycling Path
Emergency vehicular Access

SURFACE
STRUCTURE
STRUCTURAL SURFACE

Bell-mouth overflow
Draw-off tower to Supply Basin
Draw-off tower to High Island Reservoir

→ Water feature (Dongjiang water)
→ Water feature (Hong Kong water)
→ Heavy / Low vegetation cover

OPPORTUNITIES & CONSTRAINS

不储水的水库。在下城门水塘的多层水基建 (Un-reserving Reservoir—Multi-layed Water Infrastructure in Lower Shing Mun Reservoir) 是一个探索城市水库可能性的方案。

当香港的供水系统都依赖着东江水和两个大型水库的时候，城市中的小型水库对供水的帮助并不重要。这些水库可以改造成新的空间去活化水库的周边环境及为水危机发声。在此方案下，一些结构 (structure)、面 (surface)、结构面 (structural surface) 将插塞 (plug-in) 到下城门水塘。这些结构及面会把水资源与自然连接。游人在当中可以意识到水资源与自然的关系，水不再只是随手可得的液体，而是流过森林和土地而集结到水塘之中。

下城门水塘为何要不储水？

首先，它不应该储水。因为它的主要作用是控制小面积洪水的滞流池。如果水塘储水的话，当洪水来的时候，水便要溢走。这样会浪费大量食水，而香港的食水是要买的。

而且它可以不储水，下城门水塘的水可以在一个星期之内完，而且下城门水塘的水可以透过输水隧道传到容量比它大六十五倍的万宜水库。

在教育层面上，在一个没有水的水塘，游人可以看到水塘的设施。

在文化层面上，水塘底在新的结构面的配合之下，能提供一个文化活动的空间，如控诉水危机的音乐会。

在哲学层面上，一个不储水的水塘会在干的时候生长植物，在洪水来的时候植物会死亡。生命、时间、改变、循环和无常这些问题能透过这个水塘进一步演绎。

将结构、面及结构面插塞到下城门水塘之前，首先要决定它们的位置。

结构会放到有水文特色的地方。这些地方会透过集水区和水利设施的分析来决定。

面会放到有利于植物生长的地方。不同滋扰的地方会有不同程度的生态演替。

结构面会放到有水文特色的平原。

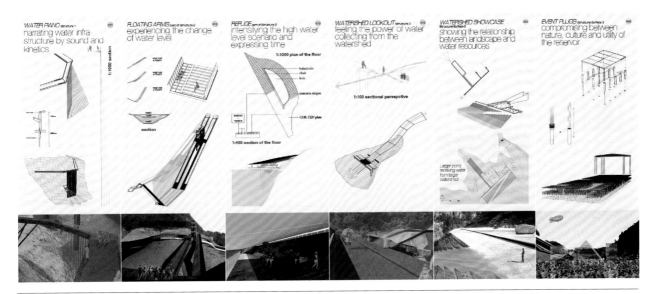

WATER PIANO (structure 1)
narrating water infra structure by sound and kinetics

FLOATING ARMS (part of structure 2)
experiencing the change of water level

REFUGE (part of structure 2)
intensifying the high water level scenario and expressing time

WATERSHED LOOKOUT (structure 3)
feeling the power of water collecting from the watershed

WATERSHED SHOWCASE (structural surface)
showing the relationship between landscape and water resources

EVENT PLUGS (structural surface 2)
compromising between nature, culture and utility of the reservoir

评委评语：

方案从生态、休闲、教育、哲理层面体现当地水库不蓄水的合理性，对场地系统分析基础上比较有针对性，总体空间布局合理，图文表达清新，简洁明了，解决问题的独特性、系统性、可持续性具有真正现实意义。

选题关注山地的保护与景观再利用，并采用自然做功，以生态的方法、景观的视角来解决实际问题，符合当今低碳设计的理念，具有环保意识。规划功能齐全、空间布局合理，并且同时满足游憩与环境可持续发展，人工因素相对集中，这对湿地的保护来说尤为关键。

民俗不俗
Folk not common

——关中民间艺术中心景观概念设计
Folk art center guanzhong concept design

中国陕西

陕西关中

关中西安

区域简介

关中地区位于中国陕西中部，关中民间艺术中心选址在西安曲江新区，坐落于大雁塔、大唐芙蓉园、曲江池遗址公园附近。这里得天独厚的自然景观和人文底蕴交相辉映。若置身其中，心中便油然而生一缕诗意、一片画意。

作为西安市的旅游文化中心，关中民间艺术中心的到来无疑将为这片热土增添新的活力，文化艺术的又一条靓丽的风景线。

背景分析

关中民俗艺术博物馆建筑造型太过单一，太过民俗化。而且，它的地理位置在长安区南五台山下，与城市相距较远，交通不便，所以影响了关中民俗文化的传播。

图例：Cutline

1.关中民间艺术中心
2.大唐芙蓉园
3.大雁塔
4.曲江海洋公园
5.西安广电中心
6.唐城墙遗址公园
7.曲江池遗址公园

元素演变

民俗文化是一种积淀许久，不被人们重视的，而人的生活必不可少的一种文化。就像树根一样，看不见却又不能缺少它。所以想用树根的形态来隐喻民俗文化，而用树的生长代表着民俗文化的发展壮大，生生不息。用树冠代表新的民俗文化

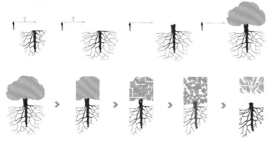

关中民俗文化是多样性的地域民俗文化，所以将文化进行分解重组，用每一个几何体代表着一种地域性文化。用枝脉和根脉将各个地域文化串联成一个整体。

西立面图

荣誉奖 / 文化关怀奖 / 最佳场地理解与方案奖

垂直分析

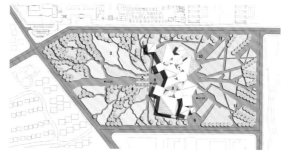

1 入口 Entrance	7 中庭景观 Atrium landscape	**经济技术指标**
2 关中乔木 Guanzhong trees	8 艺术中心 Art center	建筑面积 15197.78m²
3 八水绕长安 8 rivers around changan	9 藏品入口广场 Collection entrance plaza	占地面积 34068.84m²
4 关中灌木 Guanzhong shrubs	10 工作人员入口广场 Staff entrance plaza	容积率 44.6%
5 下沉路步 Sinking step	11 次入口 Times entrance	绿化率 49.84%
6 下沉广场 Sinking square	12 小径 Path	

视线分析

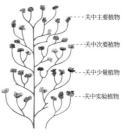

关中主要植物
关中次要植物
关中少量植物
关中实验植物

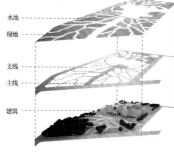

水池
绿地
支线
主线
建筑

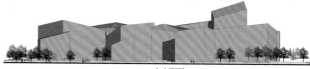

东立面图

编号：X282
名称："民俗不俗" ——关中民间艺术中心景观概念设计
作者：夏鑫　李茂
指导：雷柏林　胡喜红
学校：西安工业大学
院系：艺术与传媒学院

民俗不俗
Folk not common

——关中民间艺术中心景观概念设计
Folk art center guanzhong concept design

地形分析

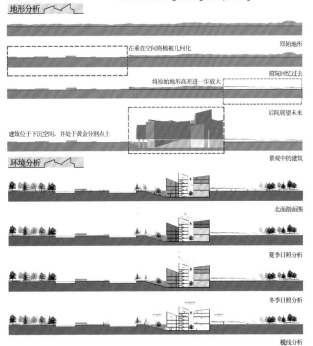

在垂直空间将植被几何化

原始地形

将原始地形高差进一步放大

前院回忆过去

后院展望未来

建筑位于下沉空间，并处于黄金分割点上

景观中的建筑

环境分析

北面剖面图

夏季日照分析

冬季日照分析

视线分析

景观分析

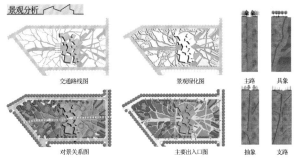

交通路线图　　景观绿化图　　主路　　具象

对景关系图　　主要出入口图　　抽象　　支路

景观地面铺装主要分为硬质铺装和软质铺装两种。硬质铺装是以花岗石、青石板、碎石等砖石为主；软质铺装以草地、池水为主。在景观里软硬铺装兼用，体现中国的刚柔文化。刚中有柔，柔中带刚，体现了和谐共生的理念。

效果图

评委评语：

此方案从场地分析中吸收设计元素，在对地域文化的保护、展示方面，做了一定的工作，表现适当。注重了设计符号的整体性表达，设计较为新颖，建筑周边场地环境与建筑协调，但是相对于整体大场地环境的考虑不足，生态性考虑欠缺。

此设计作为概念设计的案例，充分考虑地理环境的作用，合理利用，空间构成以线为主，以面为辅，从植物叶脉根茎的设计理念出发，转化演变，使植物元素融入到空间结构。

REGENERATION OF NAN BU TING AREA IN NAN JING

Location	Historical Openspace	Valuable urban texture	Feng Shui	Surrounding Landuse	Accessibility	Building Height	Original Program	Government's Plan

Location: Southern region

Historical Openspace:
- Water
- Open Space
- Site
- Open space corridor

Valuable urban texture:
- Water
- Site
- Valuable texture

Feng Shui: Main axis from Dong Wu to Ming. Mountain in south. Can't receive Purple Breeze

Building Height: 0-3m, 3-6m, 6-12m, 12-15m, 15-18m, 18-21m, 21-24m, 24-80m, 80-100m, >100m

OBJECTIVE

Preserve the valualbe urban texture, at the same time reorganize the houses in a more reasonable way as well as to expand open spaces for new requirements.

REGENERATION STEPS

Step1 : Reorganize the buidling composition
Step2 : Landscape Design

Residence Compostion

Years of Living in Nan Bu Ting

Average Income

Will to Move

Keep 1/3 people, so...

Composition of Family

Living Space m2/pp

Plot Ratio

Before 1.8
1

(According to Ordinance, the plot ratio in buildings below 6 floors should be ranged from 0.8-1.2)

Period of Building

Quarlity of Building

Protection Scheme

Proposal

Existing Open Space

Connect Open Space

Site Condition

Existing Trees

Roads
- Historical Lane
- Disappeared Lane
- Existing Path

Wells
- Old wells

Building Recomposition

HISTORICAL URBAN TEXTURE

Urban Texture--Formation process and Road organization

Modeling Heaven and Earth
Combination of "fish bone" and "Chess Board" Type

Site Texture--Texture of building groups

North-South direction and east-west direction

Lanes <= 6m
Buildings 1-2 floors
Often have yards

1931 2008
- North-South Direction
- East-West Direction

Building Texture--Principle of Building composition and Existing condition

Philosophy	Composition	Expansion	Enclosure	Direction	Solar

五服九服 四维之制 堂与院之轴线 建筑群扩展

多进穿堂式建筑
- Entrance Hall
- Sedan Chair Hall
- Main Hall
- Inner Hall

Yard axis

Heat

Solar and Ventilation

Water colletion 天井：四水归明堂

Patio Scale Ying Zhou / Nan Jing

Private and Public
- Private
- Semi Private
- Public

Vertical Scale

Traditionaly, axis of courtyard was set up before putting buildings which was also center of family activities.
According to the idea,The reorgnization process starts from the connection and reorgnization of courtyard.

1. Platanus × acerifolia
2. Platanus × occidentalis
3. Platanus × acerifolia
4. cinnamomum camphora
5. ulmus pumila
6. cinnamomum camphora
7. Platanus × occidentalis
8. cinnamomum camphora

Name of the Historical Lane	Length	Width	Material	Section
Da Ban Lane	831m	3m	Stone Asphalt	
Nan Bu Ting Lane	193m	3m	Asphalt	
Guan Yin Lane	560m	3m	Stone Asphalt Earth	

1. Main Entrance of Commercial Street
2. Promotion Plaza
3. Dry Fountain
4. Water Cascade
5. Green Plaza
6. Central Water with Moongate
7. Commercial Street
8. Frames
9. Second Entrance of Commercial Street
10. Third Entrance of Commercial Street
11. Informal Stage
12. Seating Area
13. Feature Wall
14. Recreation Plaza
15. Formal Stage

LANDSCAPE MASTER PLAN

编号：G004
名称：Regeneration of Nan Bu Ting Area in Nan Jing
作者：JJ Chen
指导：陈弘志
学校：香港大学
院系：园境建筑学部

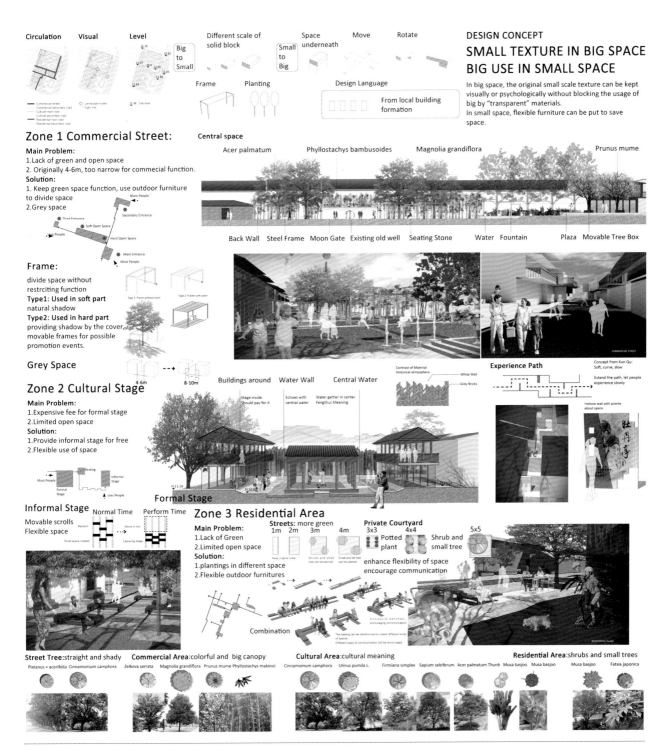

评委评语：

　　尊重场地自然、社会、历史的综合分析，总体空间布局合理，突出乡土文化的可持续再生设计，规划目标、原则一致，图文表达详细，版面组织一目了然。

　　本方案对现状做了详尽的分析，提出了生态村庄开发与环境保护之间的关系，以及村落之间文化之间的交融，具有一定的现实意义。但规划设计过于概念化，尤其是方案平面图中建筑与植物比例关系不太明确，方案的可实施性有待加强。

融森　森林公园游客服务中心建筑景观设计
Forest park tourist center landscape architecture design

设计说明：

在设计前首先要调查该区域景观的现状，要注意与周边自然环境及当地气候的联系性，确定其主要景观氛围。在设计方面要注重人与景观、景观与建筑、建筑与自然的互动、交流、融合，最大限度避免破坏原有生态景观，并合理组织、优化人造景观与自然景观的结合方式。同时还要结合现代科技技术，利用太阳能、风能等绿色、可再生能源，结合武汉环境特征采用各类节能措施，从而真正意义上达到可持续性景观设计的预期目标。

●地块现状分析

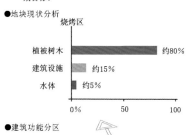

Forest park tourist center landscape architecture design

●设计理念

= Melts sen/融森 Sustainable landscape architecture solutions
可持续建筑景观解决方案

●建筑功能分区

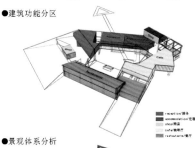

●建筑形体演变

●视线分析

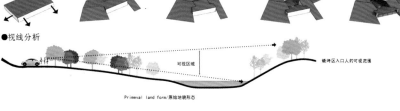

Primeval land form/原始地貌形态

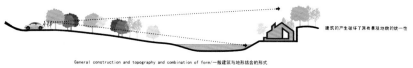

General construction and topography and combination of form/一般建筑与地形结合的形式

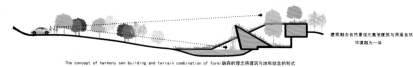

The concept of harmony sen building and terrain combination of form/融森的理念将建筑与地形结合的形式

●景观体系分析

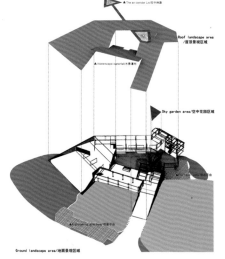

Ground landscape area/地面景观区域

设计中除了尽量保持原地形，减少对原始自然地貌的破坏之外，重点对地块一些原绿化较差的地段进行了新的绿化改造。另外，还最大限度地还原建筑地块所开垦的绿化植被，确保建筑的产生不减少原有森林绿化覆盖率，让游客服务中心建筑以无形胜有形，最大化保护原始自然景观视野。

编号：G116
名称：融森
作者：杨明
指导：王云龙
学校：江汉大学
院系：现代艺术学院

16

荣誉奖 最佳场地地理解与方案奖

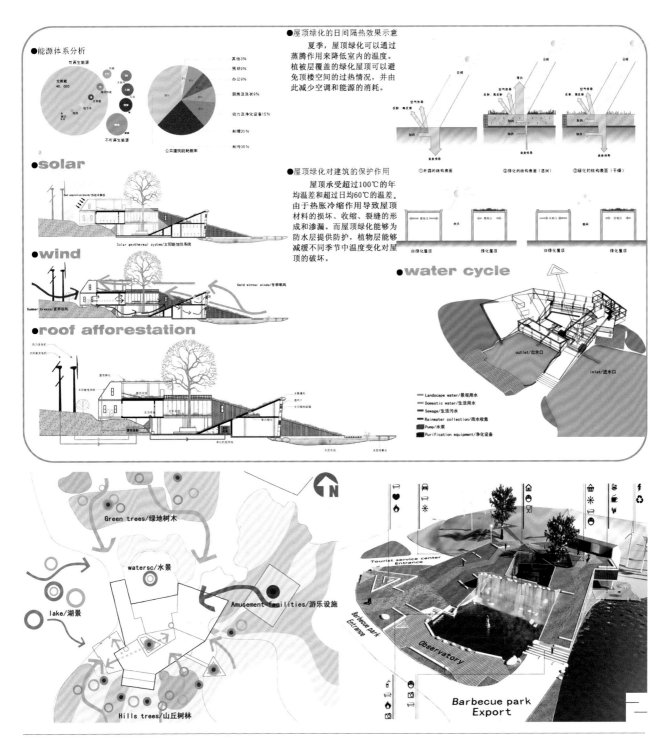

●能源体系分析

●屋顶绿化的日间隔热效果示意
夏季，屋顶绿化可以通过蒸腾作用来降低室内的温度。植被层覆盖的绿化屋顶可以避免顶楼空间的过热情况，并由此减少空调和能源的消耗。

①光秃的结构表面　②绿化的结构表面（湿润）　③绿化的结构表面（干燥）

●屋顶绿化对建筑的保护作用
屋顶承受超过100℃的年均温差和超过日均60℃的温差。由于热胀冷缩作用导致屋顶材料的损坏、收缩、裂缝的形成和渗漏。而屋顶绿化能够为防水层提供防护，植物层能够减缓不同季节中温度变化对屋顶的破坏。

非绿化屋顶　绿化屋顶　　非绿化屋顶　绿化屋顶

●solar

Solar geothermal system/太阳能地热系统

●wind

Cold winter winds/冬季寒风
Summer breeze/夏季微风

●roof afforestation

●water cycle

outlet/出水口
inlet/进水口

■ Landscape water/景观用水
■ Domestic water/生活用水
■ Sewage/生活污水
■ Rainwater collection/雨水收集
■ Pump/水泵
■ Purification equipment/净化设备

Green trees/绿地树木

watersc/水景

lake/湖景

Amusement facilities/游乐设施

Hills trees/山丘树林

Tourist service center Entrance
Barbecue park Entrance
Observatory
Barbecue park Export

评委评语：
　　场地特征不明显，景观形态缺乏个性，只是说理性分析阳光、通风、屋顶绿化可持续性景观建筑与可再生资源关系。空间布局合理，解决问题层次分析清晰，艺术效果与图面表达简洁明了。
　　建筑设计既体现了一定的地域特色和文化特色，同时也注意了环保和生态技术的应用。对用地现状与生态环境等做了充分的阐述和分析，对水体净化和生态恢复方面做出了一定建设性的成果，思路较为清晰，富有一定的特色。如果能在功能上和形式上再进行深入细致的补充，将会使这个方案显得更为饱满和完善。

哈尔滨松花江上游群力新区城市湿地公园景观设计

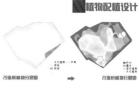

植物配植设计

场地分析结论

生态现状结论 | **场地整改方向**

土壤类型：黑土、草甸黑土亚类,质地松散,孔隙比较大,透水性较差,蓄水能力差。地质结构：较稳定。
→ 适当增加人工蓄水措施

淡水补给：主要来自地下水和雨水补给,水量较小且供给不稳定,蓄水能力较弱。
→ 增加人工补给水源,考虑可行性

植物群落结构：单一,但以芦苇为骨干物种的群落结构较稳定。
→ 增加植物配植的多样性

动物物种：种类较单一。
→ 适当引进适合的生物

区位分析结论

地理区位分析结论
新区地理位置、生态环境优势明显,发展潜力很大。这里拥有哈尔滨江南区域中较大的湿地面积。哈市人们接触自然生态的机会较少,很多在拥有着大面积湿地的三江平原上长大的人并不了解湿地,而湿地的锐减正是由于人们对相关知识淡薄,湿地生态教育迫在眉睫。

自然区位分析结论
气候的特点是四季分明,冬季漫长而寒冷,夏季短暂而炎热,而春、秋季气温升降变化快,属于过渡季节,时间短短。冬季干燥;夏季降水充沛,气候温热;春季多大风。
对策:根据每个季节的持续时间,将确立四季景观营造重点,夏季的亲水性景观的营造;冬季雕塑感最强的雪景观;通过植物的搭配等手段,兼顾春秋季节造景。

交通区位分析结论
场地所在区域交通便利,与市中心联系密切。场地四周为城市一级干道,车流量大,场地应注意屏蔽污染和噪声。车流人流方向影响出入口的放置。

绿地周边环境分析结论
周边用地性质为居住区,由公园的服务半径可看出,附近居民为此湿地公园最主要的游览人群。考虑公园为居民提供的休闲功能内容,同时注意处理好场地与周边建筑之间的关系。

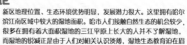

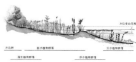
植物群落样式图

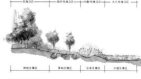
生境营造图

公园定位

主要矛盾：湿地受人为破坏及缺水等因素影响,呈现出生物多样性不高、生境多样性简单、生态性和景观性较差等严重问题。
定位：从与城市关系角度定位——城中型(生态属性相对较弱,社会属性较强)
从保护状态角度定位——城市保留型(既有野生自然特色,又有休闲娱乐功能)
湿地资源状况定位——湖泊型湿地(没有正常的水流注入和流出,水源的存在仅依靠地下水或天空降水。虽然此块湿地退化严重,按照原有生境的基本特征,仍按照湖泊型湿地进行归类)

设计上的功能定位
1.中水补给水循环型湿地公园——用周边居住区排放的优质杂排水来作为湿地淡水补给的补充水源。
2.展示型湿地公园——用生态学的手法和技术手段向游人进行展示,通过此类湿地向游人展示完整的湿地功能,具有教育普及和宣传的作用

植物净水系统图

水生草本层

经济技术指标
规划总面积	30.3ha	100%
绿地面积	19.4ha	64%
水体面积	9ha	30%
厂区道路面积	1.9ha	6%

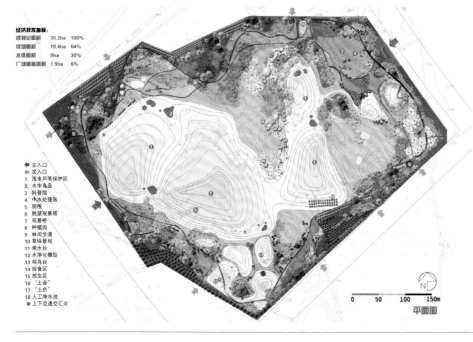

图例
← 主入口
← 次入口
1 浅水芦苇保护区
2 水中鸟岛
3 科普馆
4 中水处理站
5 厕所
6 眺望观景塔
7 观景桥
8 种植园
9 林间步道
10 草埂景观
11 亲水台
12 水净化模型
13 观鸟台
14 投食区
15 放生区
16 "土音"
17 "土色"
18 人工净水池
● 上下交通交汇点

N
0 50 100 150m
平面图

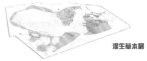
湿生草本层

社区种植层

观赏灌木层

乔木层

编号：X376
名称：毛细现象——哈尔滨松花江上游群力新区城市湿地公园景观设计
作者：朱柏葳
指导：吕勤智　曲广滨
学校：哈尔滨工业大学
院系：建筑学院景观与艺术系

哈尔滨松花江上游群力新区城市湿地公园景观设计

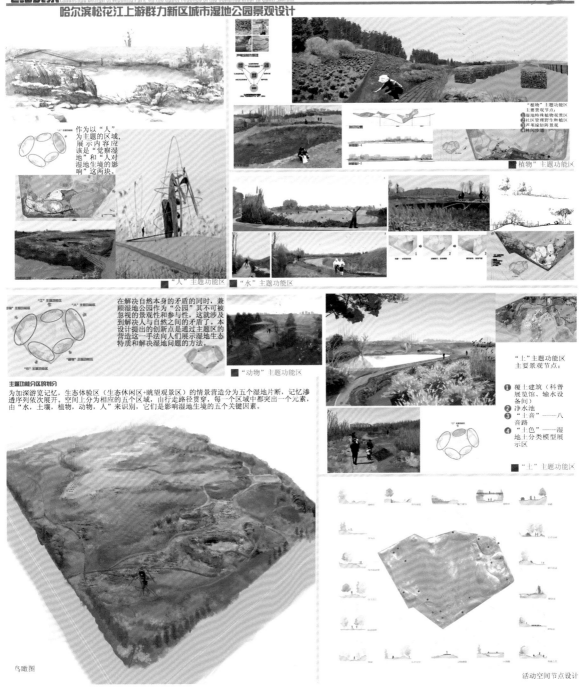

作为以"人"为主题的区域，展示内容应该是"觉察湿地"和"人对湿地生境的影响"这两块。

"植物"主题功能区
主要景观节点：
① 湿地株株植物观赏区
② 社区管理野生种植区
③ 芦苇摇知路景观
④ 林间步道

"植物"主题功能区

"人"主题功能区　　"水"主题功能区

在解决自然本身的矛盾的同时，兼顾湿地公园作为"公园"其不可被忽视的景观性和参与性，这就涉及到解决人与自然之间的矛盾了。本设计提出的创新点是通过主题区的营造这一手法向人们展示湿地生态特质和解决湿地问题的方法。

"动物"主题功能区

主题功能分区的划分

为加深游览记忆，生态体验区（生态休闲区+眺望观景区）的情景营造分为五个湿地片断，记忆渗透序列依次展开。空间上分为相应的五个区域，由行走路径贯穿，每一个区域中都突出一个元素，由"水，土壤，植物，动物，人"来识别，它们是影响湿地生境的五个关键因素。

"土"主题功能区
主要景观节点：

① 覆土建筑（科普展览馆、输水设备间）
② 净水池
③ "土音"——八音路
④ "土色"——湿地土分类模型展示区

"土"主题功能区

鸟瞰图

活动空间节点设计

评委评语：
　　本方案对哈尔滨江南区域中这块较大的湿地现状要素进行了较为全面的分析，通过深入的场地理解明确设计目标，从场地所存在的主要矛盾着手进行规划定位，针对湿地的生态保护与恢复采用生态设计手段进行了包括地形、水源、植物及湿地的生态服务功能等全方位的设计，以解决人与自然之间的矛盾，表现了对自然和环境的关爱。
　　场地分析细致严谨，关注生态理念，重视可持续发展原则，艺术表达多样化，具有一定的感染力。
　　此方案在设计前期做了大量调研分析工作，综合考虑各个因素，以整体的和谐为宗旨，突出了湿地所特有的科普教育内容和自然文化属性。

荣誉奖·最佳场地理解与方案奖

设计背景
Design background

唐家桥污水处理厂位于重庆市江北区观音桥商圈南部。1994年开建，1997年10月建成，现已投运近14年。占地面积34922平方米。为观音桥片区约20万人提供服务。在早期规划中，唐家桥一带还属于郊区。2001年开始，周围修建了大量楼盘，居民越来越多，对其臭气反映越来越强烈。相关部门表示，到2012年，唐家桥污水处理厂还未得到整治就已关闭。现今，其已然成为"城市中央的边缘地带"。

基地坐标
Base coordinate

中国·重庆市·江北区 Jiangbei District, Chongqing, China

空间策略 Space Strategy

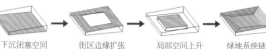

下沉闭塞空间 　街区边缘扩张 　局部空间上升 　绿地系统链接 　立体交通引入

设计目标 Design goals

Wetland Park　No.1　集约性、生态性、立体化城市中央微型湿地公园

Science center　No.2　集水环境、水净化、水教育为一体的环境教育中心

3D traffic　No.3　城市区域交通连接新纽带

景观构成模式解析
Landscape composition analysis

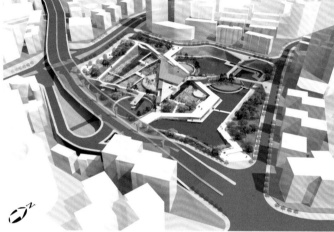

概念生成
Concept Generation

孤岛

湿岛　　　绿岛

水环境　　　微气候
对水的过滤　对气流的过滤

滤岛

轻质覆土拓展绿化

拓展硬质及交通

基础硬质及交通

绿地覆盖

水体环境

厂区形态联想
Association

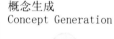

密闭厂区 　　绿地的渗透 　水体的整合利用 　湿地的恢复

设计主题 Design theme

唐家桥污水处理厂即将拆除，我们透过一扇即将关闭的门，看到未来的观音桥片区——乃至我们的城市，带着生态表情重新审视我们生活的这个世界。城市的生命力，始终需要生态绿化的渗透；城市的新陈代谢，始终需要诸多自我消化、过滤污染的集约场所；城市的居住者，始终需要水泥森林中亲切宜人的休闲尺度……

于是我们设想出这样一个城市公共空间——它将该区域部分污水自我消化并将其转化为景观资源，再生城市中心湿地景观，扩展宜人的休闲尺度，带着基址的文脉展开一个更易被城市人群接纳的可持续性场所。这个场所，我们叫它"滤岛"。

01

Filter island
滤岛

唐家桥污水处理厂景观再生设计
Regeneration of landscape design of sewage treatment plant

编号：X047
名称：滤岛——唐家桥污水处理厂景观再生设计
作者：陈浩　黄子芮
指导：韦爽真
学校：四川美术学院
院系：设计艺术学院环境艺术系

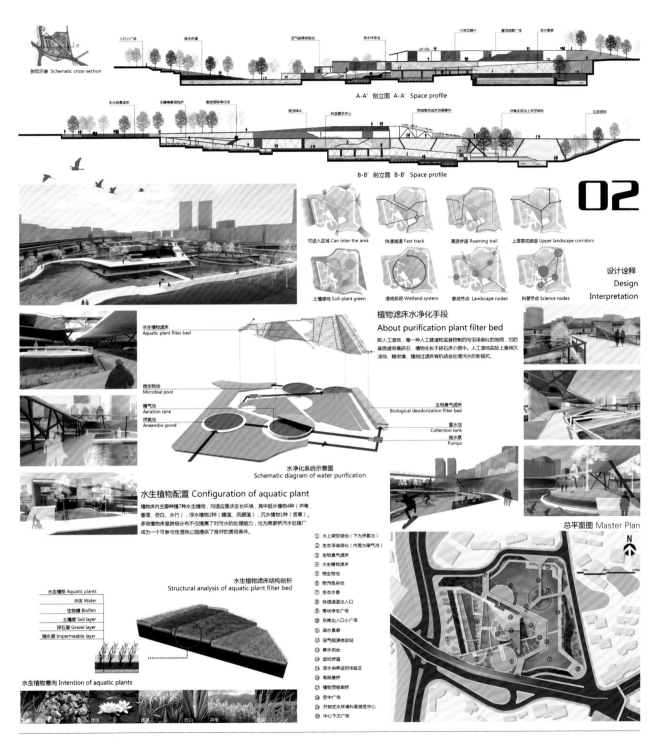

剖切示意 Schematic cross-section

A-A' 剖立面 A-A' Space profile

B-B' 剖立面 B-B' Space profile

02

可进入区域 Can inter the area　快速通道 Fast track　漫游步道 Roaming trail　上层景观廊道 Upper landscape corridors

土壤绿地 Soil-plant green　湿地系统 Wetland system　景观节点 Landscape nodes　科普节点 Science nodes

设计诠释
Design
Interpretation

植物滤床水净化手段
About purification plant filter bed

即人工湿地，是一种人工建造和监督控制的与沼泽类似的地面，它的基质通常是碎石，植物生长于碎石床介质中，人工湿地实际上是将沉淀池、稳定塘、植物过滤床有机结合处理污水的新模式。

水生植物滤床
Aquatic plant filter bed

微生物池
Microbial pool

曝气池
Aeration tank

厌氧池
Anaerobic pond

生物臭气滤床
Biological deodorization filter bed

蓄水池
Collection tank

提水泵
Pumps

水净化系统示意图
Schematic diagram of water purification

水生植物配置 Configuration of aquatic plant

植物床内主要种植7种水生植物，均适应重庆生长生存环境，其中挺水植物4种（芦苇、香蒲、茭白、水竹），浮水植物2种（睡莲、凤眼莲），沉水植物1种（苦草）。多级植物床呈跌级分布不仅提高了对污水的处理能力，也为唐家桥污水处理厂成为一个可参与性湿地公园提供了良好的景观条件。

水生植物滤床结构剖析
Structural analysis of aquatic plant filter bed

水生植物 Aquatic plants
水体 Water
生物膜 Biofilm
土壤层 Soil layer
卵石层 Gravel layer
隔水层 Impermeable layer

水生植物意向 Intention of aquatic plants

总平面图 Master Plan

① 水上架空绿化（下为厌氧池）
② 生态浮岛绿化（内圈为曝气池）
③ 生物臭气滤床
④ 水生植物滤床
⑤ 微生物池
⑥ 耐污鱼类地
⑦ 生态水景
⑧ 快速通道入口
⑨ 带状停车广场
⑩ 东南出入口小广场
⑪ 滚水景观
⑫ 沼气能源体验站
⑬ 亲水挑台
⑭ 运动步道
⑮ 活水供养运动体验区
⑯ 高架景观
⑰ 植物顶棚栈桥
⑱ 空中广场
⑲ 开放式水环境科普展示中心
⑳ 中心下沉广场

N

评委评语：
　　主题构思巧妙，从生态的角度来对空间进行设计，空间布局合理，且具有可行性和创造性。效果图表现力强，画面整体和谐，表达清楚规范。
　　对城市工业废弃基地进行改造更新，选题具有一定普遍意义和前瞻性。景观布局合理，层次丰富。图面表现清晰，设计成果达到前期目标定位要求。设计将重庆唐家桥污水处理厂工业遗址再利用，改造成一处生态湿地污水处理地，构思巧妙，并充分利用遗址已有的设施，形成湿地水净化的系统。设计目标明确，条理清晰，引入的立体交通更是画龙点睛之笔，使一个被遗忘的孤岛得到新生，形成一个集多种功能于一体的滤岛，同时保留了地域原有的功能性。在图面的处理上简洁大方，色调统一，能很好地将作者构思表达出来。

缝合
大梯步空间改造
SUTURE
BIG LADDER PACE SPACE TRANSFORMATION

区位分析：

重庆

巫山县

随着城市化进程不断加速，城市人口的急速增长，城市绿地空间变得越来越局限。而这不仅仅是环境本身的问题，也是对"人"的影响，直接导致必要活动与空间场所的失调。因此这成为迫切需要缓解的一大现状。

梯步作为一种特有的城市空间结构。依山就势，有它固有的功能，同时踏出深深的文化韵味。特别是三峡库区随着移民搬迁。万州、云阳、巫山等地纷纷修起"百步梯"都无不有看长江东去；观大桥飞跨的豪气。也不难看出库区大梯步的修筑，都希望打造成地方文化符号，建设出凝固的乐章。它的豪迈大气也确实与传统穿梭曲折空间结构形成鲜明的对比。远远望去，直逼眼帘，不失为城市一大名片。

· 相对传统的山城街巷空间，它的确多出几分大气手笔。但似乎少了几分空间穿插的特有味道……于是它使我提出思考：怎样才合理地利用这个空间平台，既保留山城特色空间的记忆，又使其打破固有的硬质特质，赋予新的生命力，促进生态平衡，而不是各地单纯的大力效仿……

通过对现状的了解与思考，旨在对特具代表的"梯步空间"结合现状打造出"韵律、错落、灵动"的大梯步景观气质。追求形式、功能协调统一。以绿色植入渗透的符号语言方式缓解山体断裂、场地与活动隔离的现状压力。并借助小空间错落等形式体现流线的曲折性，通过以小见大的方式注重细节描绘来表现内容的丰富多彩，将灵韵气质带进设计；通过硬软结合、穿插等形式来增加灵动性。

荣誉奖/最佳选题奖

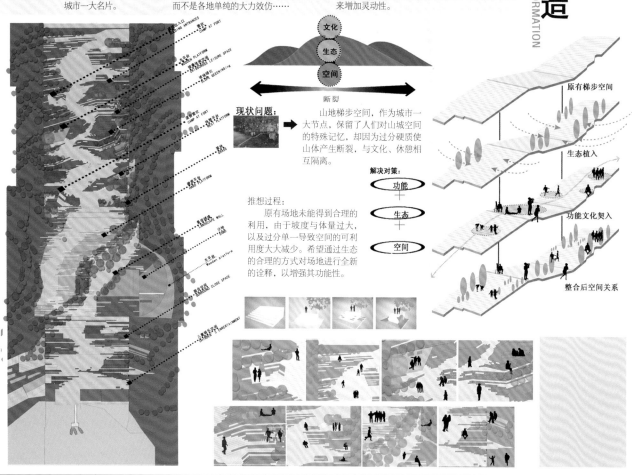

现状问题：
山地梯步空间，作为城市一大节点，保留了人们对山城空间的特殊记忆，却因为过分硬质使山体产生断裂，与文化、休憩相互隔离。

解决对策
功能 + 生态 + 空间

推想过程：
原有场地未能得到合理的利用，由于坡度与体量过大，以及过分单一导致空间的可利用度大大减少。希望通过生态的合理的方式对场地进行全新的诠释，以增强其功能性。

原有梯步空间
生态植入
功能文化契入
整合后空间关系

编号：X048
名称：缝合——大梯步空间改造
作者：赵毅
指导：黄红春
学校：四川美术学院
院系：设计艺术学院环境艺术系

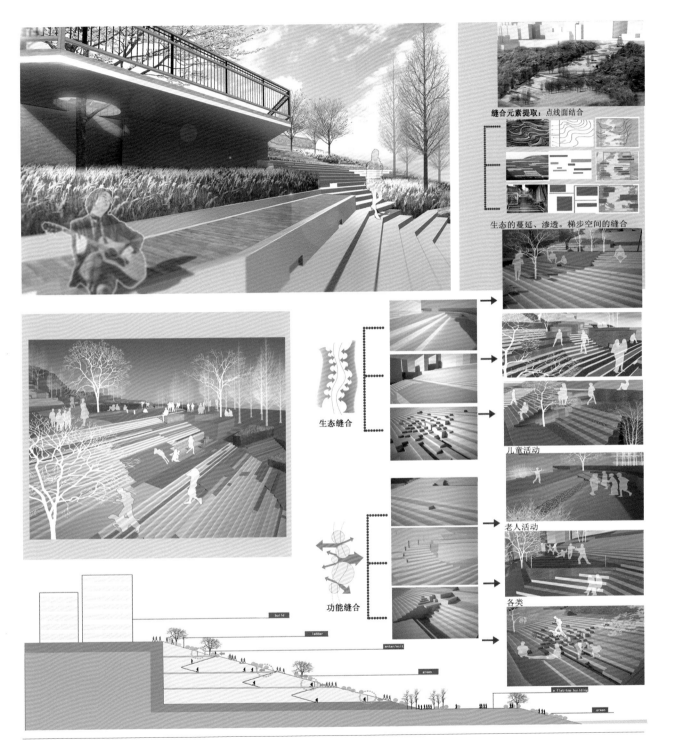

缝合元素提取：点线面结合

生态的蔓延、渗透。梯步空间的缝合

生态缝合

功能缝合

build

ladder

entar/exit

green

a flat-top building

green

儿童活动

老人活动

各类

评委评语：
　　充分体现了当下行业内正在探讨的学术问题——设计的生态。
　　有创意，有自己的想法在里面；前期分析不太充分，少了很多不可少的基本要素，对主题表达稍显脱节，还可以加入更多的功能来完善，使之更人性化；文字表达不是很清晰，没有很好地表达出自己的创意所在；图面表达充分，表达具有艺术感染力。

北京朝阳公园边界渗透性改造设计
BOUNDARY SPACE DESIGN, CHAOYANG PARK, BEIJING

荣誉奖／最佳选题奖／最佳设计表现奖

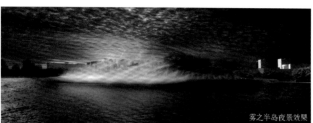

雾之半岛夜景效果

湿地区域景观

公园开放的边界全景

春季主山花开

山顶空间面向湖面形成观景阶梯
该观景阶梯可坐且丰富空间层次

山顶空间铺地

嵌入雾喷泉系统的滨湖座椅

上山将经历开放-封闭-开放的过程
以植物控制尺度以形成空间序列

小山上叠加雾喷泉系统形成模糊边界
模糊边界与公园其他边界完全不同
将使小山成为公园的标志景观

土丘作为区域主体被赋予了尽量模糊
的水岸边界，手段包括植被、土壤、
雾喷泉等。这种模糊边界本身使得土
丘不同于区域内其他景观元素而独树
一帜，成为该区域绝对的视觉核心。

喷泉系统间种植连翘并修剪成树篱
春季整山开黄花确立主景观效果

- 间接视域
- 直接视域
- 步行区域
- 连续草坪
- 伞状乔木
- 柱状乔木
- 开花灌木

改造之后，由公园外可以更好地观察公园内部——柱状乔木的林下空间、建筑的分散布置、外向场地的保留、视觉廊道的设置都为视觉渗透提供了可能。由于不同造景手法的使用，在不同的剖面上园外因素渗透进公园的水平与方式不尽相同。这使得边界空间在外观上显得更加多变而丰富。

　　具有良好渗透性的边界是维护城市公园开放性的重要保证。这种边界不再是单一的界线，而是由多种景观元素叠加而成的景观带。由边界空间出发进行景观设计是一种设计思路，这将使得城市公园与外界的联系被提升为公园设计中的首要问题。

　　由边界做设计是一种景观设计角度，可以引导一种景观设计思路。这种思路，是要把景观与环境的关系放到设计中最重要的位置上，是要强化设计的特殊性和唯一性。边界设计所处理的问题是针对于复杂的场地区域的，这是因为边界空间本身是复合的，是由道路、植被、水、场地、铺装、设施等多种景观元素组成的，也正是因为如此，边界设计需要对场地进行全面而综合的考量。在朝阳公园的设计中，边界渗透性的设计可能更加偏重于公园的外边界，然而实际上，边界设计的思路不仅仅局限于城市与公园的边界，也适用于公园内部场地的边界；场地的特征往往不是由场地本身决定，而是由围合场地的边界决定。边界是外部的问题，也是内部的问题。

　　本设计通过对北京、西安、大连等地众多城市公园的调研，描绘出新建城市公园边界渗透性的现状与特点，探索边界渗透性与各类景观元素间的关系，总结出处理城市公园边界渗透性的观念与方法，并把这种理念运用到北京朝阳公园边界改造这一具体案例之中。

编号：G121
名称：北京朝阳公园边界渗透性改造设计
作者：郝培晨
指导：方晓风
学校：清华大学
院系：美术学院

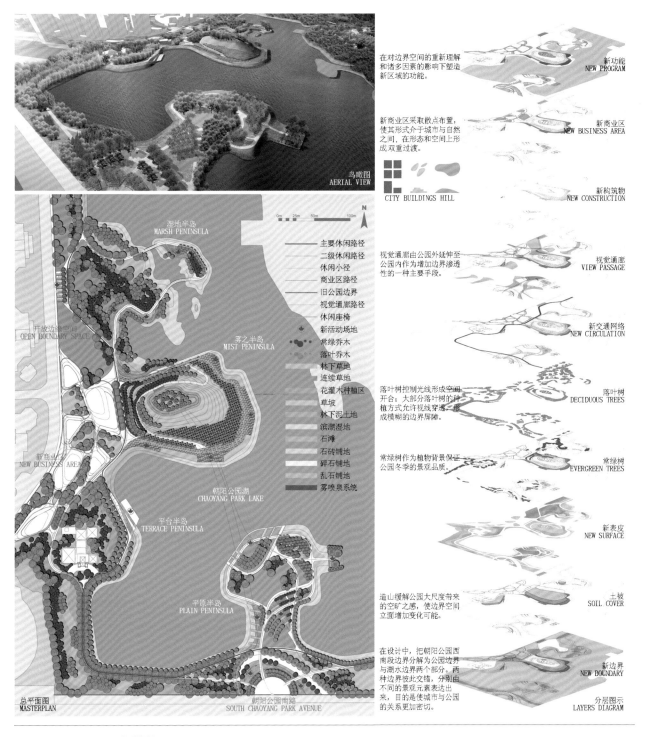

鸟瞰图
AERIAL VIEW

在对边界空间的重新理解和诸多因素的影响下塑造新区域的功能。

新功能
NEW PROGRAM

新商业区采取散点布置，使其形式介于城市与自然之间，在形态和空间上形成双重过渡。

新商业区
NEW BUSINESS AREA

CITY BUILDINGS HILL

新构筑物
NEW CONSTRUCTION

湿地半岛
MARSH PENINSULA

0m 25m 50m 100m
N

主要休闲路径
二级休闲路径
休闲小径
商业区路径
旧公园边界
视觉通廊路径
休闲座椅
新活动场地
常绿乔木
落叶乔木
林下草地
连续草地
花灌木种植区
草坡
林下泥土地
滨湖湿地
石滩
石砖铺地
碎石铺地
乱石铺地
雾喷泉系统

开放边缘空间
OPEN BOUNDARY SPACE

雾之半岛
MIST PENINSULA

新商业区
NEW BUSINESS AREA

朝阳公园湖
CHAOYANG PARK LAKE

平台半岛
TERRACE PENINSULA

平原半岛
PLAIN PENINSULA

总平面图
MASTERPLAN

朝阳公园南路
SOUTH CHAOYANG PARK AVENUE

视觉通廊由公园外延伸至公园内作为增加边界渗透性的一种主要手段。

视觉通廊
VIEW PASSAGE

新交通网络
NEW CIRCULATION

落叶树控制光线形成空间开合；大部分落叶树的种植方式允许视线穿透，形成模糊的边界屏障。

落叶树
DECIDUOUS TREES

常绿树作为植物背景保证公园冬季的景观品质。

常绿树
EVERGREEN TREES

新表皮
NEW SURFACE

造山缓解公园大尺度带来的空旷之感，使边界空间立面增加变化可能。

土被
SOIL COVER

在设计中，把朝阳公园西南段边界分解为公园边界与湖水边界两个部分。两种边界彼此交错，分别由不同的景观元素表达出来，目的是使城市与公园的关系更加密切。

新边界
NEW BOUNDARY

分层图示
LAYERS DIAGRAM

荣誉奖／最佳选题奖／最佳设计表现奖

评委评语：
　　对场地现状要素的分析深入，空间构成与布局合理有效，尺度感强，景观要素的运用符合对人和自然关怀的基本原则。对场地生态、文化价值有一定的表现，关爱自然和环境，在生态设计和生态技术手段利用方面较好。方案建立在对场地深入理解的基础之上，针对性较强；设计目标、原则、理念与设计成果一致性较强。对方案全部内容表述清楚、规范，一目了然；图文比例得当、色彩搭配协调优美；图面富有艺术感染力。
　　设计目标明确并富有新意，善于从已有案例中汲取解决问题的策略，功能流线以及空间区域布局合理，设计完成度高，景观节点设计大胆创新，成果表达清晰且富有艺术感染力。场地环境分析以及对于设计思考过程的内容表述稍嫌不足。

回归土地

中国是一个以农业为主发展起来的国度，农耕文化已成为每个中国人不可抹去的文化基因。千百年来，通过与自然界的相处，中国人对自然有了自己独特的认识和理解，如梯田就是人与自然和谐共生的产物。

理想的居住环境

↓

回归邻里

回想儿时的我们，拿着自制的弹弓或是纸飞机，找几个左邻右舍的小伙伴就可以很开心地玩上一整天，甚至都忘了吃饭，只有等到父母千呼万唤才肯回去……快乐需要的不是物质上的多少，而是人和人之间的那份充分信任的交流。

和谐的人际交流

↓

回归家园

"家"象征着一个生命的根源所在，它不光只是提供我们居住，更重要的是承载着每个人的希望和心灵的寄托，一个真正意义上的家，一灵魂的归属地……

温馨的家庭环境

方案背景

区位 本方案位于甘肃省平凉市崆峒区崆峒古镇，西侧为国家5A级风景旅游区—崆峒山风景旅游区，东侧为甘肃省著名古镇—崆峒古镇。

定位 方案的总用地面积为27.227公顷（558.4亩），净用地27.819公顷（417.3亩）。该方案性质为高档别墅住宅区，整个住宅区配置10个邻里组团，共计101套住宅别墅，一个对内综合商业建筑，一个对内会所和一个对外特色酒店建筑。

甘肃省平凉市崆峒区"归谷"别墅住宅区建筑、景观规划设计

场地现状

地理位置 方案场地所位于平凉市崆峒区崆峒山脚下。场地东为崆峒古镇，西靠崆峒山，南临太统山，东北角为龙隐寺。南北侧各有一条小河流过，整个场地环山面水，藏风聚气，是一个理想的人居环境。

气候 场地内常年受到西北东南季风影响，冬季风寒冷干燥，让场地内的寒冷干燥加剧。夏季风温和湿润，能改善区域内干燥的状况。

水文 场地以西为水库，有水流穿过整个场地，水流能调节场地内的局部小气候使得场地内湿度提升。

地形 场地中间低两边高，是一个典型的山谷地带。它处于其在黄土高原之上，在南季来临的时候要注意周围山体对场地的潜在影响。

周边环境 该区域周围现存较多的村庄，田地，果园，道路等，环境多样化，斑块、廊道分布零散，基质景观总体较乱。

水（H20）分子结构

该平面布置形式具有较强的联系性和整体性，此平面布局为居住组团之间人们的交流提供了良好的条件。

乐活

设计说明

项目定位：该项目地处甘肃省平凉市崆峒区，设计提取了当地最为常见的梯田景观、白杨树、窑洞建筑等乡土元素为整个设计场地的景观框架，营造一个土生土长的本土理想人居环境。设计以回归自然、回归邻里、回归家园为设计理念，应用现代的语言，营造出一个环境优美温馨的美好家园。

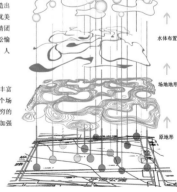

返璞归真的乡野情趣　　　温馨的"天井窑院"　　　不可抹去的梯田印象

景观体系

庭院景观体系

整个场地通过梯田将空间划分为13个围合的空间，从而形成相对独立且又相互联系的庭院空间，建筑顺着地形的南坡布置，营造出温馨和谐的邻里空间氛围。有了一个清静优美的生活环境，一个安定和谐的家、一群热情团结的邻居朋友，一个健康的身体，一个轻松愉悦的生活方式和一个与世无争的生活理念，人才能真正的"乐活"。

农耕景观体系

通过对场地地形的重新塑造，形成了丰富多变并富有韵律的梯田斑块，从而使整个场地的空间层次感更为强烈，给人以变幻无穷的空间视觉体验，满足了人的攀援性需求，加强人与自然的交流程度。

居住空间斑块

↑

水体布置

↑

场地地形

↑

原地形

"归谷"住宅区总平面图

北侧城市公园绿地
云阁尚苑
云阁雅居
激流勇进
入口停车场
会所
户外健身区
汇流潺潺
特色酒店

主入口商业区
月月丽辉
听泉沉香
木华
南市公园绿地

1-1剖立面

2-2剖立面

编号：G028
名称：甘肃省平凉市崆峒区"归谷"别墅住宅区建筑景观规划设计
作者：米学贵　杨恩川　姚美娅　帅燕　卢杨　赵景仁　尹健　辛壮壮　付松　隋云鹏
指导：张建国
学校：昆明理工大学
院系：艺术与传媒学院

想象与超越奖

"芳甸雅居" 建筑景观设计

在整个场地中，以新中式风格为基调，结合田耕景观构成一个相对独立的庭院，在建筑设计上，以当地建筑天井窑院的风格结合现代建筑材料来营造新式天井窑院，达到既可以阻隔大气放射物质，阻隔噪声，又可以使室内有足够的采光。

在景观设计上，以地形产生的洼地来构成场地的景观场所，庭院以芳甸为主题，运用当地多种植被来构成丰富的垂直结构和水平结构。整个场地以清新、自然、和谐的风格组成，与主题乐活密切联系，达到回归原野，回归自然，回归家园的目的。

主题阐述

场所主题是芳甸雅居，环绕在花丛、树林之间的河水贯穿整个场地，宛转、曲折、悠美、宁静、快乐。整个庭院运用框景、对景等手法，结合水、植被等进行布置，营造一种诗意栖居的环境和氛围，使这种含蓄之美又重新焕发新颜。

芳甸雅居建筑景观设计

芳甸雅居建筑设计

建筑布局依山取势，将建筑的一部分隐藏在地下，从而使得室内冬暖夏凉。外露的部分有足够的采光保证室内的光线。

总的来说，场地建筑传承了中式建筑的灵魂，打造了一个全新的新中式别型。

场地景观节点

从整个场地规划的景观三大景观空间，景观轴线连接三大景观节点，三大景观节点与轴线紧密结合，相互联系，构成了场地的整个景观体系。

景观节点分析

从整个场地规划的景观三大景观空间，景观轴线连接三大景观节点，三大景观节点与轴线紧密结合，相互联系，构成了场地的整个景观体系。

开敞空间与私密空间

场地分为公共区域、庭院区域和入口区域三个区域，在公共区域内人们可以互动、休息、观景等等，营造温馨、友善的氛围。庭院区域围合的私密空间则体现了场所的安静、私密及供日常生活休息的功能。

景观空间分析

场地景观设3个节点广场为景观开放空间，连接有两条景观廊道，线性空间作为贯穿空间，开放空间给人场所开的的感受。建筑围有他的景观形构建的小庭院，采用了积累，对景的形式进行处理。

汇流宛转绕芳甸
月波花味皆似霰

评委评语：

　　设计理念尊重地域现状与当代时尚生活，设计形态动感活泼，形式表现充满激情，空间形态局部分析缺乏条理，整体版面图文组织色彩太多，主次不够清晰。

　　规划设计强调场地的生态功能，空间组织较为清晰，将游憩、生态、展示以及文化等有机地融为一体，满足功能多样性的需要。平面图、效果图表达方面也表现出较为深厚的艺术功底。但在建筑生态设计方法方面提及较少。

东华大学校园景观规划设计

生态.活力

大学校园的主体是充满活力的学生和老师，是渴望交流，乐于参加集体活动的群体，大学校园景观设计所呈现的造型与空间也应该是充满活力的，同时，尊重大学校园原有地形地貌，采用生态与景观相结合的设计手法，使景观呈现出生机勃勃的活力，于是，校园景观主题与学生生活通过"活力"找到切合点。

项目区位　　位于南昌市经济技术开发区东南侧路网内。校址东南距南昌市区约6公里，东临中环大道，南与南昌市下罗镇范家村相连，西临青岚道，北临麦庐大道。

用地规模　　校区占地49.9公顷

项目背景　　该项目位于东华理工大学南昌校区，2002年，北方设计研究院为学校发展制定了《东华理工学院南昌校区修建性详细规划》，规划南昌校区总用地58公顷（870亩），围墙内用地约49.9公顷（748.5亩），其中含15000人，总规划建筑面积353168平方米，其中保留老校区建筑面积44670平方米，分别设有文学院、理学院、工学院、商学院、法学院、软件学院、管理学院等二级分院。

近几年来，学校发展势头良好，产、学、研各个方面都取得突出成绩。为了满足东华理工大学南昌校区办学研究决定，启动南昌校区第二期校园基本建设，并拟对该校区修建性详细规划进行修编。本次东华理工南昌校区景观设计的工作正是在以上背景下展开的。

总平面图

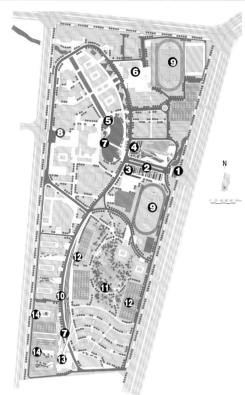

N

图例

❶ 校园主入口
❷ 绿荫长廊
❸ 地质雕塑
❹ 亲水长廊
❺ 生态活水池
❻ 集散广场
❼ 观景廊桥
❽ 次入口广场
❾ 足球场
❿ 梯田台阶
⓫ 山顶平台
⓬ 运动场
⓭ 室外大屏幕
⓮ 宿舍楼内庭院

编号： G113
名称： 东华大学校园景观规划设计
作者： 黄宙
指导： 漆平
学校： 广州大学
院系： 建筑与城市规划学院

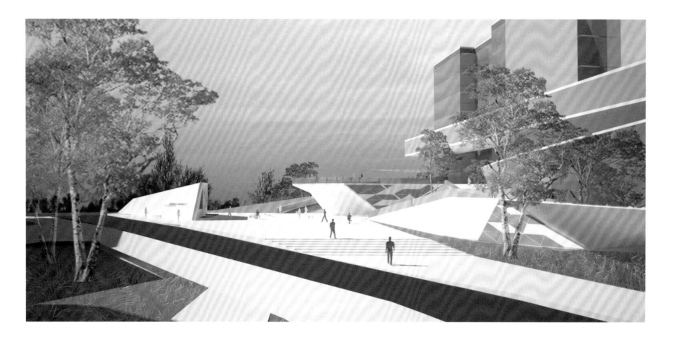

1. 形态

　　通过模仿矿区生动、多样的形态，创造出充满自然形态的校园景观，景观形象丰富并具有动感。

活力

2. 空间

　　因地制宜的设计，顺应场地已有的地形。参考矿区空间形式创造了具有多种功能的公共交流空间。

矿区自然形态意向图

矿区空间形式意向图

活水公园

生态

　　东华大学水系由北部河流流入，水质混浊，设计参考了活水公园案例，通过植物河床的方式过滤水源。既环保又美观，形成独特的生态景观。

活水公园现状图

评委评语：

　　该设计对场地的分析比较深入，对文脉元素的提取也较好，设计效果表现较好。但缺乏整体景观环境效果的表现，平面布置上也缺乏必要的阐述，虽然考虑了对生态的关注，但分析不够深入，部分景观节点功能性不是很强。

　　整个设计的思路清晰，新颖。本方案选题为"活力"，较好地关注了校园景观配置单一的问题。分析具体全面、布局合理、生态性很强，对场地分析也很周到。但本方案的景观节点仅仅满足功能需要，并未与主题相呼应。整幅作品图面表达清晰，色彩搭配到位，整体协调性良好。

模拟消落带景观
——盘溪河滨公园设计

三峡库区消落带

消落带是一种水-陆交错带，属典型的生态过渡带，又称消落区。消落带是水库特有的一种现象，是水库季节性水位涨落使库区被淹没土地周期性出露于水面的区域。三峡水库正式运行后随水库年度运行将在两岸形成垂直落差30m（145m～175m）的永久消落带。重庆主城区地处长江与嘉陵江交汇地区，两江消落带长达数百千米。如此巨大的消落带在世界范围来看也是独一无二的。

模拟消落带水景意义

为改造与解决消落带问题做出实验，并发现这一特殊现象的生态意义。让消落带景观成为一种新的自然景观，消落带湿地的生态脆弱性需要我们加强保护和慎重选择发展模式；消落带湿地的形成，以及随之增加的丰富的湿地资源（如蓄水后水鸟大量增加，同时由于典型的湿地形成，为湿地植物的生长提供了优良的条件），为发展生态产业提供了良好的资源基础。为以后处理消落带提供概念新方向，让治理三峡库区消落带得到启发。起到抛砖引玉的作用。

2010年重庆主城1段消落带水位曲线图

2010年重庆主城1段消落带不同高程柠檬死水时间曲线图

枯水期：冬季蓄水发电水位线保持为175m。

汛水期：夏季防洪水位降为145m。

设计理念

盘溪河被截弯取直，拦截隔断，"渠化"现象严重阻流，吸收污染物的水体屏障——湿地几乎消失，生活生产污水未经处理排放，造成水体富营养化，藻类大量繁殖，水体自净能力被破坏，水系生态失衡，水质污染严重，曾经清澈美丽的河流变得乌黑发臭。模拟消落带在恢复原本湿地生境的基础上为改造与解决消落带景观问题做出实验，并发现这一特殊现象的生态意义。

消落带岸线处理方法

自然河岸

消落带植物实验岸线

架高生态走廊

观赏消落带植物岸线

亲水平台

体验消落带岸线

梯形湿地

消落带生物净化水质岸线

近水广场

体验消涨水位岸线

区位分析

项目位于重庆市江北区的盘溪河滨公园内。盘溪河发源于照母山，流经龙湖动步公园后，穿过龙溪地区，汇入嘉陵江。盘溪河滨公园地势两边高，中间狭长。是以生态防护、运动休闲、湿地游赏为主要功能的城市滨河带状公园。

盘溪河滨公园概况分析

盘溪河滨公园是地势两边高，中间狭长的带状公园。全长约11km，流域总面积约250km²，平均河宽20m。盘溪河滨公园是以生态防护、运动休闲、湿地游赏为主要功能的城市滨河带状公园。

盘溪河滨公园与周围环境关系

盘溪河滨公园北接新南路，西邻松石北路，东侧为龙华道，南至松树桥立交。盘溪河滨公园附近大部分都是已开发成熟的居住区和办公楼，交通发达，人流密集。

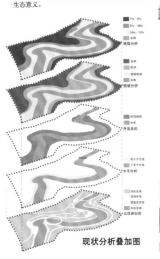

现状分析叠加图

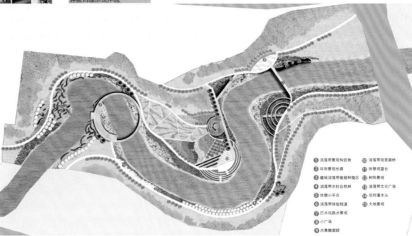

① 消落带景观构筑物
② 环形景观长廊
③ 趣味消落带植被种植区
④ 消落带水杉自然林
⑤ 体验小平台
⑥ 消落带体验栈道
⑦ 把河坝跌水景观
⑧ 小广场
⑨ 水景雕塑群
⑩ 消落带观赏廊桥
⑪ 休憩观望台
⑫ 树具景观
⑬ 消落带文化广场
⑭ 花钵灌木丛
⑮ 大地景观

编号：X043
名称：模拟消落带景观——盘溪河滨公园设计
作者：文维
指导：张倩
学校：四川美术学院
院系：设计艺术学院环境艺术系

涨水位——鸟瞰图

常水位——鸟瞰图

模拟消落带景观

盘溪河滨公园现存在的问题

盘溪河滨公园建于2006年，虽已完成部分区域绿化和园路修建，但因园内河水污染较重，各类违章建筑遍布其中，园内人气极低。盘溪河河水主要来自沿河排污口、雨水和地下水。流淌的全是黑水死水，河面上长满了水葫芦和水白菜，这种地方有什么好逛的？

模拟消落带解决问题

市民是否愿意进入公园游玩，水体净化成为首要因素。水系生态失衡通过生物治理——湿地植物净化水质。在盘溪河滨公园的模拟消落带景观不仅尝试解决消落带景观问题，并恢复盘溪河湿地生境。在盘溪河滨公园中通过设计拦河坝蓄积水来达到消落带效果，并采用污水截留、底泥疏浚的方式治理水体，对来水中的水体悬浮物进行物理处理。拦河坝将被设计为似瀑布的跌水景观，瀑布声掩盖周围车流噪声外还丰富河道的动水效果。

消落带植物分析

消落带体验栈道涨水位效果图

消落带体验栈道常水位效果图

消落带景观构筑物常水位效果图

消落带景观构筑物涨水位效果图

消落带景观构筑物剖面图

消落带体验栈道剖面图

涨水位

常水位

消落带植物纵向分布

想象与超越奖

评委评语：

好：选题、场地分析、生态与乡土关注。不足：设计合理性、策略不清晰。

此作品是一个纯粹的景观设计项目，这个作品中对于场地现状以及设计对象的定位分析都较为全面，但不足之处在于设计方式较为拘谨，思路没有打开，但前期的基础性工作还是较为切实、全面的。

都市里的艺术村落

湖北省武汉市武昌区昙华林老街区景观改造
The Transformation Design of Wuhan's older streets

区位分析

基地现状

基地位于湖北武汉的昙华林，这是一条隐藏在市井中的历史老街。昙华林里，各派建筑汇集于此，中西文化交汇令人叹为观止。

基地可以说是武汉近代史的缩写。基地面积2.3公顷。是老街中心的一段。

这是一条充满历史的老街道，隐于繁华的闹市中，等着人们探索

昙华林可以说是武汉近代文化的一个缩影

昙华林具有独特的艺术魅力

吸引来了很多的艺术家与欣赏者

人们聚在这里分享着各自的经历

供人活动的场地面积有限，缺乏公共设施

基地模型

过程模型

功能分析

地被植物层

主要灌木层

主要乔木层

针对人群

神秘、自由、不愿受约束渴望交流、展示自己

年轻、充满活力、充满创意与活力、自由自在

对生活充满希望、喜欢热闹、急需活动空间

主题分析

根据基地的特性，营造出一个让人能够远离城市浮华气息，回归自然，找寻隐藏在人心本身的纯真与美好的地方。

同时也是一个能让人们感受到艺术与现代城市的碰撞，与市井文化的交融，能引导人们发现美，感受美的地方。

让人体验发现美的过程，从发现中感受到一种惊喜，远离喧嚣嘈杂的闹市，纯粹的艺术体验，给人们带来新的希望。

想象与超越奖

编号：X071
名称：都市里的艺术村落
作者：唐敏
指导：史明
学校：江南大学
院系：设计学院

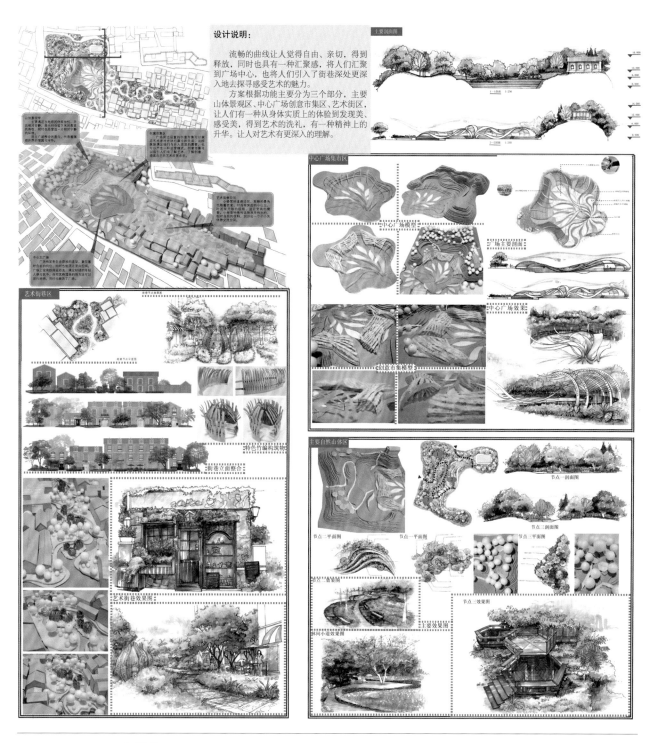

设计说明：

流畅的曲线让人觉得自由、亲切，得到释放，同时也具有一种汇聚感，将人们汇聚到广场中心，也将人们引入了街巷深处更深入地去探寻感受艺术的魅力。

方案根据功能主要分为三个部分，主要山体景观区、中心广场创意市集区、艺术街巷区，让人们有一种从身体实质上的体验到发现美、感受美，得到艺术的洗礼，有一种精神上的升华。让人对艺术有更深入的理解。

主要剖面图

中心广场集市区

中心广场模型
广场主要剖面
中心广场效果
创意市集模型

艺术街巷区

特色竹编构筑物
街巷立面整合

艺术街巷效果图

主要自然山体区

节点一剖面图
节点三剖面图
节点二平面图　节点一平面图　节点三平面图
节点二效果图
节点三效果图
主要效果图
林间小道效果图

评委评语：

方案空间区域布局合理，结构关系明确，空间组织清晰，尺度把握得当，内容表述清楚、逻辑、规范，一目了然，公共艺术品设计手法大胆，美感较强。

该设计方案特色鲜明，元素提炼准确度高，效果图直截了当地表现了设计手法和建筑形式，空间设计丰富，方案深入，完整度好。图面排版效果佳。

层叠公园

昆明市35电信分局未完工建筑景观绿化改造设计

未完工的大楼也就是俗称的"烂尾楼"。在"烂尾楼"闲置的十几年时间里尽管其实体价值在经济发展与城市化进程的变迁中没有缩水，但是其所创造的价值和自身的设计价值却湮灭在时间的长河中。借助"烂尾楼"建筑结构基本完工的优势，本着环保节能的思想，对其进行绿化加工和形成简洁的商业空间，利用"烂尾楼"闲置的时间将被湮灭的价值得以体现，为周边居民提供一个十年左右的临时休闲绿地空间，和周边绿化植物的补充，等有资金投入理清债务关系，届时该绿化用材可以直接满足其绿化的需求，部分仿自然式碎石铺地可以作为混凝土材料。这样与后期投资者节约投入，体现了节约环保的理念。

昆明站电信35分局未完工大楼坐落于繁忙的昆明站，昆明客流集散地，周边不乏有商业区与居住小区，但是却缺少公共空间、绿地公园、基础设施。在其闲置的时间里我们可以加以合理的利用，将其进行绿地改造。如何对其进行改造呢？古人就给我们提供了借鉴的方案——古巴比伦空中花园。它给我们提供了"叠"的想法。将一个平面的空间立体化，把二维空间向三维空间发展，一层一层地叠加在一起，就像做折纸一样。加大了空间的利用率，将一个平面的空间分割之后进行叠加，尝试一种新的、福利式的、具有公众活动性质的高层公园形式——"叠"公园。

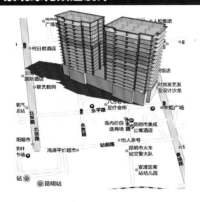

未完成建筑

| 10—15年空置 | ╋ | 建筑情况良好 | ╋ | 地理位置优越 |

周边城市公共空间缺乏

| 绿地空间 | ╋ | 文化空间 | ╋ | 交流空间 |

对未完成建筑改造趋势的探求

| 政府牵头 | ╋ | 地理位置优越 | ╋ | 绿化的竖向发展 |

垂直绿化　屋顶绿化　室内绿化

商业15%　绿化60%　科普25%

837平方米　219平方米　600平方米
5-18F　　5F　　5-18F

A 楼板标准层平面　低层空间网格标准层平面　B 楼板标准层平面

---

1 节能措施

高层建筑在建筑设计时需要考虑应对强风问题，我们希望能利用风能减少建筑能耗，并且由于我们所设计的建筑外立面装饰主要采用的是攀援植物美化方式，所以在剩余的空间中可以布置一定数量的壁挂式太阳能发电板，同样可以起到减少建筑能耗的作用。

2 灌溉形式

由于该次设计中有一定种植区域，所以对植物的灌溉就成为了我们此次设计需要重点考虑的问题。由于此次设计的种植区较密集且面积不大，而且种植形式主要以低矮灌木＋攀援植物为主，所以我们大胆提出运用建筑现有消防管网进行滴灌（只是利用管网系统，不破坏消防功能）与人工浇灌相结合的方式，最大范围地节省水的利用。并且通过建筑原有管道的渗透作用，使得整个灌溉系统成为一种竖向的、层叠式的可多次利用的生态灌溉网络。

3 植物选择

6A 芳香体验馆：蔷薇，玫瑰，栀子，含笑，米兰，
7B 触觉体验馆：含羞草，鹤望兰，茴香，虎尾兰，
9A 干花馆：千日红，勿忘我，麦杆菊，月季，茉莉，
9B 紫花体验馆：牵牛，蔷薇，三色堇，大岩桐，
11A 科普区（常见药用植物和蔬菜）：木贼，山茶，
11B 儿童游憩室：三色堇，猪笼草，含羞草，斑竹竹芋，
13、14A 文化交流中心（绘画＋雕塑）：文竹，吊兰，
16A 茶楼：文竹，吊兰，插花，白鹤芋，鹤望兰，肾蕨，
16B 绿化：白鹤芋，肾蕨，吊兰，龟尾。

？半室内空间风力较大种植土较浅光线不充足层高较低

！景观性生物多样性　不同主题层植物科普性游人安全性

自然光
为植物提供必需的能量，为游人提供白天的照明。

漫反射面
反光板

4 光线补充

通过漫反射柔化光线，并安装滑轨，可以根据外部自然光照射方向前进或后退防止全反射带来的刺眼以及不适作为外部自然光转换成室内光源的媒介，有两种变化形式。白天，反光板闭合，形成一整块反光板。到了夜间，反光板全部呈角度排列，将内藏灯管露出，并通过内藏灯光照明。

5 材料回收利用

在充分考虑了这次设计的承载结构（楼板）的承载力后，我们考虑在楼板以上种植区域覆土深度不能超过 600mm 厚，否则会影响整个楼板的结构，那么，这样的结构就决定了我们无法种植过多的、深根性的大型植物，于是我们考虑到了"城市摆花"。昆明市一年得到的一年生的城市摆花大概要上百万盆。那么，能否将真植与假植结合布置植物呢？答案是可以的，这样做以后既节省了城市摆花运输的成本，又可以暂时性的为周边使用人群提供免费植物更替。

由于我们的设计对象主要是未完工建筑 10-15 年的空置期。这决定了最终这个未完工建筑还是会被改做他用，所以我们考虑到材质的一个经济价值，因为一旦该建筑被改做他用，那么也就意味着需要重新装饰，所以我们提出少装饰的想法，秉承"粗野主义"的风格，保持或局部对原有混凝土结构进行修饰。在铺装方面，我们也有多用可移动的临时铺地形式：鹅卵石、雨花石等，或者廉价的、但是可以出效果的材质搭配：火烧砖、青石板等，而且在施工时不做永久性铺筑，而是仅仅在满足其功能的条件下进行盖附。

①
②

6 游人安全

由于此次设计的建筑基础为没有做外墙装饰的半封闭的空间，所以说游人的安全性就成为我们考虑的一个重点，在此，我们没有按照常规建筑装饰做法，用外墙墙面将整个建筑封闭起来，而是用绿化在建筑边缘部分形成一圈安全的植物屏障。提醒并禁止游人接近建筑的危险边缘部分。并在考虑建筑美观性的前提下，在靠近建筑边缘的地带种植攀援植物，使其自然垂挂，形成一个绿色的、自然的建筑外立面。

A 楼板标准层平面　低层空间网格标准层平面　B 楼板标准层平面

想象与超越奖

编号：X260
名称：层叠公园——昆明市 35 电信分局未完工建筑景观绿化改造设计
作者：赵燕　赵伟　冯可冰
指导：张欣
学校：云南科技信息职业学院
院系：应用技术学部风景园林系

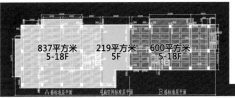

837平方米 5-18F	219平方米 5F	600平方米 5-18F

A 栋标准层平面   中庭空间标准层平面   B 栋标准层平面

根据我们核算的面积，除1—4层作为昆明站35电信分局办公室使用以外，该项目所能提供的"城市公共空间面积"为：18900平方米，其大小相当于昆明站周边所有居住绿地与商业绿地空间的总和。在设计中，我们不仅仅从面积上考虑，还从为社会做贡献的角度出发，设计了各种各样的免费开放的游乐空间，供周边常住人群使用。

SA 总 =SA5+SA6+SA7+SA8……+SA18=837 平方米 ×13=10881 平方米

SB 总 =SB5+SB6+SB7+SB8……+SB18 = 600 平方米 ×13 = 7800 平方米

S 中庭 = S 中庭 5 = 219 平方米

S 总 = SA 总 +SB 总 +S 中庭 = 18900 平方米

面积核算

单层介绍

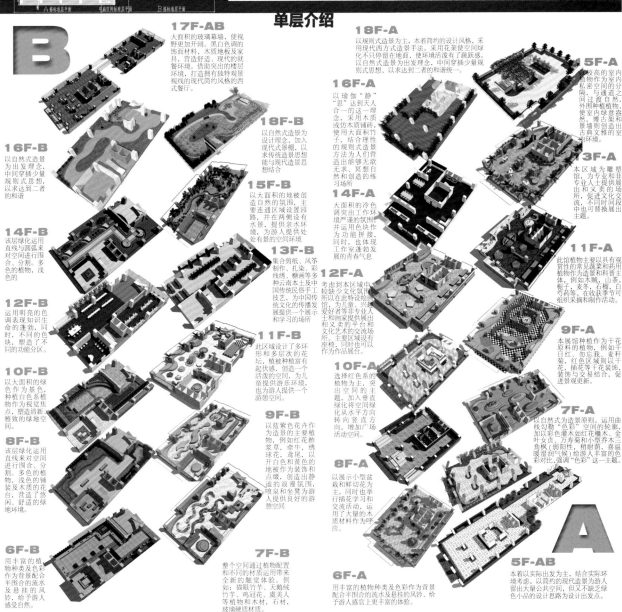

17F-AB
大面积的玻璃幕墙，使视野更加开阔。黑白色调的饰面材料，木质地板及家具，营造舒适、现代的就餐环境。借助突出的楼层环境，打造拥有独特观景视线的现代简约风格的西式餐厅。

18F-B
以自然式造景为设计理念，加入现代式氛棚，以求传统造景思想能与现代造景思想结合

16F-B
以自然式造景为出发理念，中间穿插少量规则式思想，以求达到二者的和谐

15F-B
以大面积的地被创造自然的氛围，主要连接区域设置园路，并在两侧设有水景，提供亲水环境，为游人提供处处有景的空间环境

14F-B
该层绿化运用直线与圆弧来对空间进行围合、分割。多色的植物，浅色的

13F-B
集合剪纸、风筝制作、扎染、彩线绣、糖画等多种云南本土及中国传统民俗手工技艺，为中国传统文化的传播发展提供一个展示和学习的场所

12F-B
运用明亮的色调表现知识生命的蓬勃，同时，不同的色块，塑造了不同的功能分区。

11F-B
此区域设计了多环形和多层次的花坛，植被种植富有起伏感，创造一个活泼的空间，为儿童提供游乐环境，也为游人提供一个游憩空间。

10F-B
以大面积的绿色作为基色，种植许多植物作为视觉焦点，塑造清新雅致的绿地空间。

9F-B
以蓝紫色花卉作为造景的主要植物，例如红花酢浆草、牵牛、绣球花、鸢尾，以开白色和黄色的地被作为装饰和点缀，创造出静谧的浪漫氛围，喷泉和坐凳为游人提供良好的游憩空间

8F-B
该层绿化运用直线来对空间进行围合、分割。多色的植物，浅色的铺装及木质的花台，营造了悠闲、舒适的绿地环境。

6F-B
用丰富的植物种类及色彩作为背景配合半围合的流水及悬挂的风铃，给予游人感受自然。

7F-B
整个空间通过植物配置和不同的材质运用带来全新的触觉体验。例如：猫眼竹芋、天鹅绒竹芋、鸡冠花、虞美人等植物和木材、石材、玻璃硬质材质。

18F-A
以规则式造景为主，本着简约的设计风格，采用现代西方式景观绿化与花架使空间绿化与自然式造景活泼有了跳跃感。以自然式造景为出发理念，中间穿插少量规则式思想，以求达到二者的和谐统一。

16F-A
以瑜伽"静""思"达到天人合一的这一理念，采用木质或仿木质铺砖，使用大面积竹子，结合理性的规则式造景方法为人们营造出能够无欲无求、冥想自然和创造的练习场所

14F-A
大面积的冷色调突出工作环境严谨的氛围并运用色块作为功能拼接，同时，也运用工作室逢勃发展的青春气息

12F-A
考虑到本区域中较缺少文化氛围，所以在此特设绘画馆，为儿童、兴趣爱好者等非专业人士和画家提供展出和义卖的平台和文化艺术的交流场所。此展区域设有座椅，同时也可以作为作品展出。

10F-A
选择红色系的植物为主，突出空间的主题，加入黑白直线绿化将空间绿化从水平方向转向竖直方向，增加广场活动空间。

8F-A
以展示小型盆栽和鲜切花为主，同时也进行插花学习和交流活动，运用了大量的木质材料作为呼应。

6F-A
用丰富的植物种类及色彩作为背景配合半围合的流水及悬挂的风铃，给予游人身上更丰富的体验。

15F-A
将较高的室内植物作为室内私密空间的分隔，与通道之间过渡种植物，外侧种植植物，使室内绿意盎然，博古架和景墙则创造出古典文雅的室内环境。

13F-A
本区域为雕塑馆，为专业和非专业人士提供展出和义卖的场所，促进文化交流，不同时间段中也可替换展出主题。

11F-A
此馆植物主要以具有观赏性的常见药物及植物作为造景和药用植物，例如木贼、山茶、栀子、麦冬、石榴、白及等，也在收获季节可组织采摘和制作活动。

9F-A
本展馆种植物作为干花原料的植物，例如千日红、勿忘我、麦秆菊、红色区域则以干花、插花等干花装饰、装饰与交易结合，促进景观更新。

7F-A
以自然式为造景原则，运用曲线勾勒"色彩"空间的轮廓，加以彩色灌木如红花檵木、金叶女贞、乌柳紫叶小檗木三角枫（阳性地、耐寒的、喜温暖亚热带湿润气候）给游人丰富的色彩对比，强调"色彩"这一主题。

5F-AB
本着以实际出发为主，结合实际环境考虑，以简约的现代造景为游人留出大量公共空间，但又不缺乏绿色小品的设计思路为设计出发点。

B

A

评委评语：
　　方案提出了一个较为新颖的概念，通过绿化单元体解决城市未完工建筑问题，如果能从生态各种因素更全面地解决建筑表皮与建筑空间的问题，会使方案提升一个层次。
　　作品关注城市废弃空间烂尾楼的再利用，形式手法新颖多样，通过多种生态手法和设计形式丰富空间的内容，创造出一个多彩的立体空间，并且对其进行了较为详细的说明，作品表现形式新颖，版面设计别致，图面说明性较强，一些技术手段应做得更为具体的图文说明。

概念分析
Concept Analysis
湖州枫树岭陵园规划与设计 Huzhou fengshuling Cemetery Planning and Design

总平面
Master Plan
湖州枫树岭陵园规划与设计 Huzhou fengshuling Cemetery Planning and Design

地球关怀奖

概念提出：

（1）通过前期分析了解到，随着人口以及死亡率的增长将会有越来越多的土地用来做墓地。而土地资源有限，死亡人口无限，我们必须思考更加简约的埋葬方式，以便解决生死争地矛盾，和自然和平共处。

通过集约化的布局，逝者为生者让出了更多的土地空间。墓园提供足够多的墓穴的同时拥有更多的土地来营造生态景观，让生者得到了更多舒适的景观体验，也会更加愿意来墓园。

时光体验

（2）墓园的景观设计其实是用景观形式来做一个人对于生死的阐释。人从出生就要经历时间的流逝，随着一年四季的交替，日月山川的变化，体验各种各样的时光变化，最后人都难免时光耗尽生命逝去。

在景观设计的形式中，人的时光体验其实就是对各种体现时光变化的不同景观的感受。

时光的漫长与憧憬——天堂之路

以缓缓升高向天空延伸的直线元素象征时光的漫长，塑造出一种直达天堂的意象。经过这条林荫道进入开阔的"天堂"一个远离世俗让人无限憧憬的宁静、安详、肃穆的世界。

时光的轮回与交替——四季步道

以四季的交替及循环的动线象征着时光的轮回和生命的永无止境。

时光的纯净与永恒——心灵之桥

透明安静的水面和常青的植被象征时光的纯净与永恒，它如同灵魂般纯净透明。通过心灵之桥，接受心灵的洗涤，从宁静肃穆的空间进入墓区让生者与逝者得到交流。

时光的生长与记忆——追忆森林

不断生长的森林象征着时光的生长，人埋身于树根下，所有时光的记忆也就借由不断生长的树继续延伸。

时光的消亡与停滞——缅怀居所

缅怀居所是逝者回归自然的场所，也是生者追怀死者的地方，它象征着时光的消亡与停滞。在这里，向上的元素代表着灵魂升天，平行的元素代表着宁静与安详。

时光的瞬间与流转——初阳之台

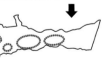

初阳之台对应着太阳的日升日落光影的变化，象征着时光的瞬息万变与流转。

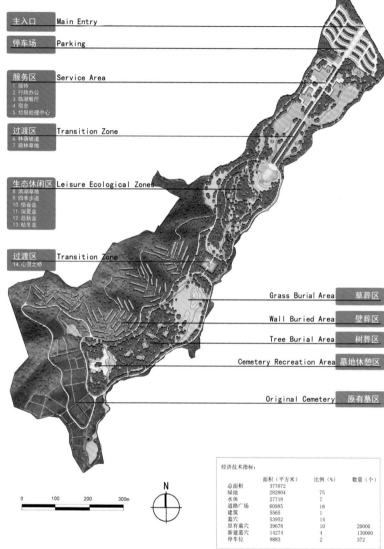

主入口	Main Entry
停车场	Parking
服务区	Service Area

1. 接待
2. 行政办公
3. 临湖餐厅
4. 宿舍
5. 垃圾处理中心

| 过渡区 | Transition Zone |

6. 林荫甬道
7. 疏林草地

| 生态休闲区 | Leisure Ecological Zones |

8. 滨湖草地
9. 四季步道
10. 惜春盒
11. 深夏盒
12. 悲秋盒
13. 枯冬盒

| 过渡区 | Transition Zone |

14. 心灵之桥

Grass Burial Area 草葬区
Wall Buried Area 壁葬区
Tree Burial Area 树葬区
Cemetery Recreation Area 墓地休憩区
Original Cemetery 原有墓区

0 100 200 300m

N

经济技术指标：

	面积（平方米）	比例（%）	数量（个）
总面积	377072		
绿地	282804	75	
水体	27718	7	
道路广场	60985	16	
建筑	5565	1	
墓穴	53952	14	
原有墓穴	39678	10	20000
新建墓穴	14274	4	130000
停车位	9883	2	372

编号：X149
名称：集约墓园·时光绿廊
作者：袁勋 吕来书 钟呈蓟
指导：沈实现 邵健
学校：中国美术学院
院系：建筑艺术学院景观设计系

方案规划设计分析
Planning and Design of Program

湖州枫树岭陵园规划与设计 Huzhou fengshuling Cemetery Planning and Design

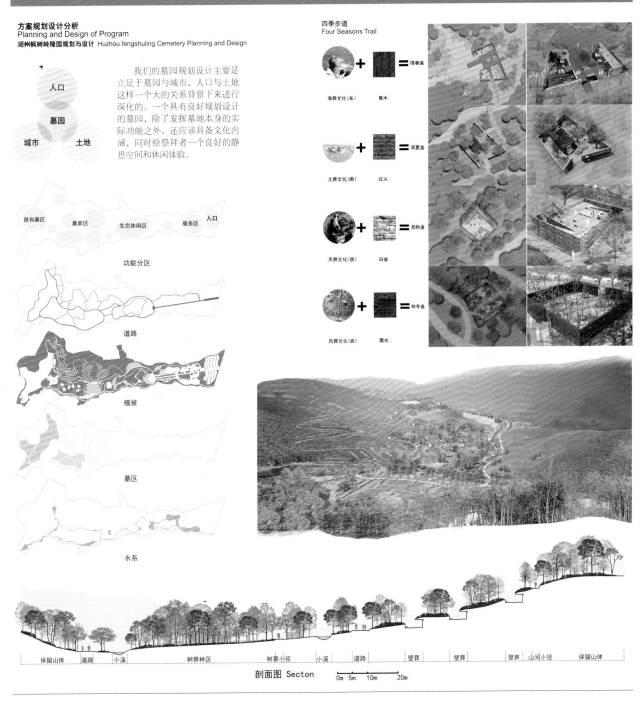

人口

墓园

城市 土地

我们的墓园规划设计主要是立足于墓园与城市，人口与土地这样一个大的关系背景下来进行深化的。一个具有良好规划设计的墓园，除了发挥墓地本身的实际功能之外，还应该具备文化内涵，同时给祭拜者一个良好的静思空间和休闲体验。

原有墓区　墓葬区　生态休闲区　服务区　入口

功能分区

道路

植被

墓区

水系

四季步道
Four Seasons Trail

海葬文化(东) ＋ 青木 ＝ 惜春盒

土葬文化(南) ＋ 红火 ＝ 深夏盒

天葬文化(西) ＋ 白金 ＝ 悲秋盒

风葬文化(西) ＋ 黑水 ＝ 枯冬盒

保留山体　道路　小溪　树葬林区　树葬小径　小溪　道路　壁葬　壁葬　壁葬　山间小径　保留山体

剖面图 Secton　0m 5m 10m 20m

地球关怀奖

评委评语：
　　该作品选题具有开拓性、学术研究价值和研究发展空间。主题构思巧妙，充分表现以节约土地资源为前提打造生态优美的祭祀空间。效果图表现力强，能充分表现出作品的主题。
　　课题具有挑战性和创新性，针对社会老龄化问题，对逝者的安放空间提出冷静的思考与分析，推理得当，空间层次较好，但空间的严肃性有待进一步推敲。该生以墓园规划设计为题，通过设计提出了几种不同于普通的墓葬方式，构思新颖大胆，值得鼓励。尤其在壁葬的设计中，可以看得出来是下了一番工夫，效果很好，能体现出集约的思想，切合主题，在图面的处理上也显得老练成熟，色调统一。

1 前期分析

区位分析

每一位智障人士，都是上天的笔误。当上天不公平的时候，需要人间来弥补那一种缺憾。他们是潘多拉手中遗失的宝盒，他们处在各个年龄阶段，拥有灿烂的生命。因为许多原因，他们或许不像我们一样目光有神、思维敏锐；然而他们必定和我们一样，希望着美好的生活。

项目区位：

本案位于福建省厦门市环岛南路椰风寨与环岛干道的中间地带，西面是建设中的帝元维多利亚大酒店，南面临环岛路椰风寨海滩，北面有云海山庄。沿海有大片沙滩和游乐场，与金门隔海相望，周边环境安静舒适。选址附近是还没被开发的黄厝村，整个地貌是依山傍水，自然条件优越，交通便利。所选地块充分考虑环保和环境卫生的因素，不存在空气污染和水质污染，通风、日照、环境都符合卫生学要求，并且有足够的建筑面积和发展余地。

周边环境

2 前期场地分析

周边用地分析　周边景观节点分析　周边建筑高度分析　人流量分析

噪声分析　视线方向分析　坡度分析　思维能力分析

智力障碍形成的大部分是由于遗传的变异，大脑的发达程度不仅与脑容积有关，更取决于神经元之间连接方式，神经元和神经链的数量越多，数据处理能力越强。

元素提取

在显微镜下神经元的各种形态

概念结合场地

Will neurons implanted field　将"神经元"植入场地

植入　简化　提取

把道路和特色园区布置成各个神经元连接的形态，简化。

白色高起的围墙清楚地划分出主要功能区域，形成一幅花园"内阁"图。围墙设置为2米高，不至于给人隔阂感，但又清楚地细分了空间，通过的道路使方向性更加明确。将大自然的声音引入景观设计中。打破传统封闭的模式，让智障人士走出去，让园园内的景观发展到生活的方方面面，触手可及。

建筑生成

本案建筑的母体为神经元的连接纽带——突触，作为神经细胞的一种特化连接，分裂、放大、演变、体块提炼、延续、掩护出本案的建筑形象，使其各具识别性。

3 总平面图

N

0　15　30　45

1	主入口景观	23	足球半场
2	喷泉池水景	24	篮球场
3	阶梯状喷泉	25	园艺工作室
4	建筑主体	26	观望平台
5	建筑主入口	27	康复疗养园
6	前停车场	28	阶梯型草地
7	集散广场大树	29	神经元花台
8	室外休闲区	30	长条形座椅
9	木栈平台	31	波浪教学园
10	树桩座椅	32	冒险游戏园
11	园艺疗养园	33	玩沙区
12	肠型花台	34	城市阶梯体
13	荷花池	35	保安亭
14	圈绕着地座椅	36	户外展示园
15	建筑后花园	37	轮胎向心园
16	眺望坡		
17	密植林		
18	折型座椅		
19	体验步道		
20	慧灵农场区		
21	草莓种植地		
22	环形跑道		

编号：G010
名称：连接神经元——厦门慧灵智障人士服务中心园区设计
作者：林茜
指导：梁青
学校：福州大学
院系：厦门工艺美术学院环境艺术系

4 效果图展示

入口景观

5 立面图

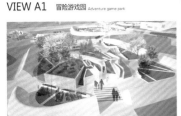

HUILING

Connecting neurons

厦门慧灵智障人士服务机构园区设计

VIEW A1 冒险游戏园 Adventure game park

VIEW A2 波浪教学园 Waves teaching garden

VIEW A3 户外展示园 Outdoor show garden

入口广场正面

建筑区

建筑区南入口

VIEW A4 轮胎向心园 Tires centripetal garden

VIEW A5 康复疗养园 Rehabilitation recuperative garden

VIEW A5 园艺疗养园 Gardening recuperative garden

户外展示园内景

波浪教学园内景

木栈休息区

后花园内景

评委评语:

　　厦门慧灵智障人士服务机构园区设计选题具有开拓性,空间布局尺度感强,空间结构关系明确,设计目标、理念非常清晰。设计比较人性化,体现了对特殊人群的关爱。

　　此设计的概念总体方向甚好,场地分析到位,功能分区明确,但是没有大胆走出元素的禁锢,还是停留于神经元的外形原状。结合现场情况,需进一步加强空间形态与现实功能的吻合,深入考虑你所服务的人群。总之,概念深化与功能的结合还需深化,与所提构想要要挖掘其形态构思的内在逻辑关联,这其实也是国内高校教育中普遍缺失的。

BACK TO LIFE
——户外复健空间概念设计
CONCEPTUAL DESIGN OF OUTDOOR SPACE FOR REHABILITATION

移动受限者比例：

复健由来：
　　复健，英文名称为 Rehabilitation，复健包含的范围非常广泛，风灾水灾受损后的复原，桥梁受损后的重建，家园的重建，社会的复健医学重整，心灵的改革等都是复健的范畴，而复健医学只是复健的一部分，在医学领域中，疾病发生后告一个稳定的段落，可能留下后遗症或造成身心的障碍，如何让病人剩下来的部分与残留功能发挥到最好的程度，让他能够回到家庭，回到社会，回到工作，让他能独立自主地生活，这就是复健医学的实质意义。

残障的定义与分类：
　　在复健医学中，残障是一个非常重要的名词，它也代表着各种不同的意义，在国际的定义中残障又分为三个不同的层次，一个层次是"失常"，它的意义是身体器官或精神失去一部分，造成不完整的意思，第二个层次是"失能"，它强调身体与精神失去功能，使活动受到限制，而第三个层次是"残障"，在意义上它代表是一个障碍，在生活活动上造成不方便，或是无法在社会上扮演一个称职的角色，广义而言，残障可以指身体的残障，也可指精神上的残障，

社会的残障和文化的残障等不同意义。

移动受限者的定义：
　　残障者、老年人等身心机能出现残障或身心机能低下，与正常人相比，外出活动时移动缓慢、上下困难，或无法外出活动的人称为移动受限者。

交通困难者：
　　首先是指在利用道路、交通设施时由于身体机能残障而出现移动困难

的群体。

移动受限者比例：
　　表中为日本羽曳野市有关移动受限者的调查结果，数据表明，虽然残障者和老年人是移动受限群体，但非老年人、非残障者中也存在相当数量的移动受限者。

老年人中移动受限者5.7%　残障者中移动受限者2.6%

非老年人、非残障者的移动受限者16.7%

全部移动受限者16.7%

非移动受限者（健全人）75%

移动受限者的分类：

概念衍化

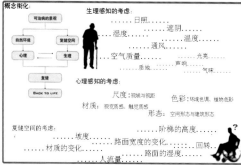

设计说明
　　本设计以"back to life"为中心，研究户外复健空间，通过对空间的训练使病伤残者得到最大程度的恢复；以人的感知（生理感知、心理感知）为线索展开一系列的复健空间设计；以简洁的设计概念和开阔视线将户外空间作为一个"可治病景观"的灵魂加以诠释，结合人体工学从无障碍到障碍的一种过渡训练，使病患身体残留部分的功能得到最充分的发挥，让病患重新回到家庭，回到社会，回到工作。

人群定位

设计场地

　　场地选址在郊外，三面环山，依附水体。从环境知觉角度分析，区域气候的适宜减轻高温和季风对人所造成的生理紊乱，从环境心理角度分析，注重自然的恢复效果。
　　1.减少压力：人在特定的自然环境中接触会产生"恢复反应"。
　　2.注意恢复理论：自然环境是恢复性自然的"软性聚焦"。

设计总平面图

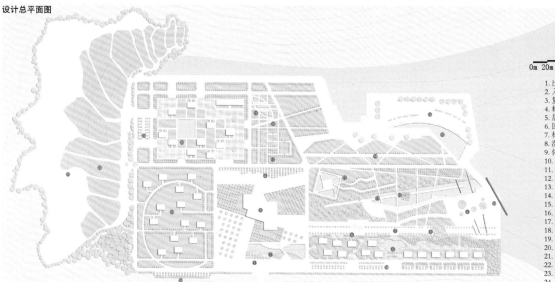

0m 20m 100m

1. 出入口
2. 入口水景
3. 复健中心
4. 林荫道
5. 居住组团
6. 回转体验区
7. 材质体验区
8. 湿度体验区
9. 休憩广场
10. 希望之墙
11. 滨水长廊
12. 树池景观
13. 宽度体验区
14. 坡度体验区
15. 高台水景
16. 滨水广场
17. 阶梯体验区
18. 触摸之墙
19. 园艺园
20. 居住组团
21. 居住组团
22. 梯田景观
23. 山体景观
24. 停车场

编号：G057
名称：BACK TO LIFE——户外复健空间概念设计
作者：蒋浩杰
指导：李慧
学校：广东轻工职业技术学院
院系：设计学院

人类关怀奖

BACK TO LIFE
——户外复健空间概念设计
CONCEPTUAL DESIGN OF OUTDOOR SPACE FOR REHABILITATION

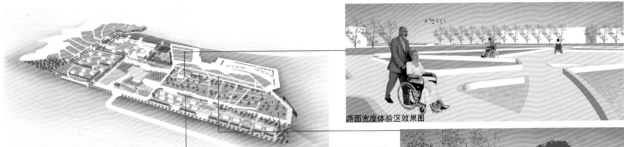

路面宽度体验区效果图

人类关怀奖

坡度体验区效果图

滨水广场平面图

树　池
下沉阶梯
弧线坡度
上升平台
高台水池

滨水广场效果图

回转体验区效果图

滨水广场的设计以极简主义为中心，用简单的线条和几何形划分空间。高台水景的位置为适合高度，为了便于乘轮椅者和视觉残障者更近距离欣赏水景，高台水景边缘设置了上升平台。

滨水广场立面图

滨水广场剖面图

园艺园平面图

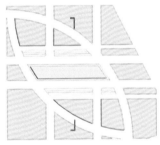

园艺园效果图

设计针对高龄者、残障者、疾病患者实行园艺疗法，期望通过其达到：1. 消除不安和紧张；2. 克制欲求和冲突；3. 培养对生物的爱心；4. 丰富感性世界；5. 发挥创造性表现力；6. 提高计划、准备、判断能力等效果。

园艺园设计了可看、可触、可听、可嗅并可食用的植物。绿化采用一年生草本、多年生草本、低矮灌木、高大乔木，通过植物来展现四季的变化和生命的成长，使病患的感官得到愉悦。为便于乘轮椅者和视觉残患者欣赏花木和水景，高台种植池和高台水景的位置为适合高度。

园艺园剖面图

评委评语：
　　通过对场地的规划将复健这种康复医疗行为由室内延伸至室外，并规划设计了多种景观设施及要素来满足不同疾病患者的康复需要，给病患带来了全新的康复体验，体现了人性化设计及对人类生活的关怀。遗憾的是，设计大部分还停留在概念方案阶段，缺乏详细可行的具体方案设计。

总平面图

心灵的隐喻
——人类情感体验景观设计

痛苦 suffering

痛苦 suffering → 线条 / 颜色 / 材质

1 line
线条曲折尖锐破碎被角分用，强调痛苦带来的挣扎和混乱。

2 colour
色调鲜明情绪强烈，强化了痛苦带给人消极心理。

3 material
材质多为石材，质感坚硬粗糙，表面凹凸不平，象征人们的痛苦的心理感受。

迷茫 confusion

迷茫 confusion → 线条 / 颜色 / 材质

1 line
曲线与直线的结合使空间扭曲而多变，人为加长两点之间的到达距离，增加认知迷茫感。

2 colour
黑白灰三色的反复出现是空间缺乏生命物象的体现，营造沙漠般的空虚意境。

3 material
材质包括砂石、石板、枯草、帆布等。各种不同的材质感对比，烘托荒凉的意外感、强化迷茫的情绪。

希望 hope

希望 hope → 线条 / 颜色 / 材质

1 line
曲线与曲线的交叉，将从入口到出口的引导流线变成多种可能，喻示希望的寻找有不同的方式和道路。

2 colour
用戈壁沙漠的灰黄荒芜与隐藏下的植物和生命的鲜活色彩形成对比，凸显"寻找"的惊喜。

3 material
表面为单调统一的沙地，形成荒凉的感受，行步为坚硬的石板，代表寻找途中的印记，喻示希望的则是软质感的花草流水。

幸福 happiness

幸福 happiness → 线条 / 颜色 / 材质

1 line
有序简洁的线条给人一种稳定感，同时使立体景观更易于接近。

2 colour
色调响静而热烈，营造温暖遥远梦幻的感受，更易形成兴奋感，产生积极情绪。

3 material
材质多为软质的草坪、水和碎石拼铺地，强调田园气息和亲近自然的幸福感。

导言

随着景观历史的发展，人们对所生存的环境也愈发重视。环境心理学研究认为，人与环境具有相互作用的关系，人可以改变环境，同时人的思想和行为也可以被环境所影响。本方案希望在校园中建立一个景观设计学的体验基地，通过研究在生活中对使用者心理活动产生影响的环境因素如色彩、材料、形式以及建立在生活与文化基础上的事物隐喻与个体之间的关系，继而建立起基于个体心理感受的空间景观设计原则。希望人们能在体验过这种符合人文关怀的景观形式后，带给景观设计学一种新的体验与思考。

选址概况分析

方案基址位于武汉，地形以平原为主，北亚热带季风性湿润气候，具体选址位于武汉科技大学黄家湖校区艺术设计学院教学楼旁，原地用途为校园开拓规划空地。方案的每个园区占地 500 平方米，四个园区占地约 2700 平方米，地块四边均有道路联结，与教学楼联系紧密。随着景观学科的不断发展，我们所需的不仅是利用电脑和书本为媒介的理论教学，更需要实际的学科研发性体验基地，同时也不但让景观学科的师生进行科研体验，还能让更多的人了解并参与景观研究的发展和成果。

人类主观审美到情感体验的发展过程

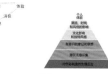

情感体验影响因素金字塔

色彩 明度彩度对情感影响曲线分析

情感关键词联想

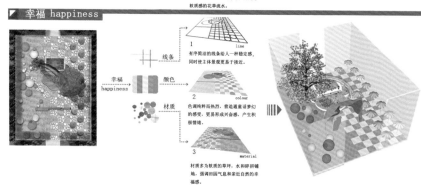

编号：X007
名称：心灵的隐喻——人类情感体验景观设计
作者：张春妮
指导：李一霏
学校：武汉科技大学
院系：艺术与设计学院

痛苦 suffering

NO.1 痛苦 　人类痛苦的情感大多来源于黑暗的事物，如战争、死亡、灾难等让人产生绝望情感的回忆，衍生出来则包括恐惧、焦虑、悲伤等等。而这种体验从进入园区大门就开始了。狭窄不通透的入口、仅供一人通行的曲折小路、扭曲的雕塑、水池、荒诞的红色玻璃盒子、繁杂无序的折线等的应用，都在试图给人一种焦躁不安的心理暗示，凹凸的三角形草地铺装区域给人一种不稳定的感觉，是痛苦后的冥想区域，景观叙事的高潮是隐藏于树丛后的雕塑——来源于毕加索《格尔尼卡》画作中的巨大的黑色眼睛，更加强调了恐惧和痛苦的情感体验。

景观叙事发展分析——confusion

剖面图及视觉遮挡分析——confusion 1

剖面图及视觉遮挡分析——confusion 2

剖面图及视觉遮挡分析——suffering 1

剖面图及视觉遮挡分析——suffering 2

景观叙事发展分析——suffering

NO.2 迷茫 　心理学研究表明，大多数人在经历过痛苦绝望悲伤之后，会进入一段时期的空茫期，对世界充满困惑，生活失去色彩，因此这个园区在设计中对植物适当弃用，让欣赏者通过对植物带来的生机反向联想，黑白点的重复应用使视觉焦点分散，景观叙事的高潮时隐藏在树丛后突然断掉的楼梯，让上楼者内心的期待感瞬间变成迷茫。黑白反复的廊道象征在困顿中轮回，变异的枯山水以及尖锥般的石头造成一种荒诞的感觉，这些都使人们获得一种困惑迷茫的心理体验。

迷茫 confusion

景观叙事发展分析——hope

NO.3 希望 　希望是转机的开始，它总是出现在痛苦绝望茫然之后给人们带来意外和惊喜。生活的哲理是——希望是需要主动去寻找而不是守望，寻找的过程会留下虔诚的印记，寻找的结果也不是每次都找到希望的绿色，有时也会仍是一片枯砂石，但只要肯坚持，结果一定不会让你失望。这个园区在入园之前的视觉感受是一片荒漠，而"希望"的方盒子在地面之下，需要寻找才能看到。用荒漠和枯草砂石代表"绝望"，清泉、繁花、绿叶植物寓意"隐藏的希望"，景观叙事的高潮是隐藏在沙漠中的清泉游鱼，使欣赏者在荒芜中发现生命的惊喜，体验希望。

希望 hope ▶

剖面图及视觉遮挡分析——hope 1

剖面图及视觉遮挡分析——hope 2

心灵的隐喻
——人类情感体验景观设计

剖面图及视觉遮挡分析——happiness 1

剖面图及视觉遮挡分析——happiness 2

景观叙事发展分析——happiness

NO.4 幸福 　幸福感是个人由于理想的实现或接近而引起的一种内心满足。而在人的一生中有幸福感的场景或记忆联想可能包括童年的嬉戏、绚丽的彩虹，彩蝶在树荫下飞舞等，这个园区的设计是结合大多数人们记忆中美好的场景中的各种元素，营造出如童话般梦幻美好的场景，复原童年的美好记忆。从而使欣赏者在进入园区时从视觉和心理上达到共鸣。"幸福"园区喻示无论之前经历过怎样的痛苦迷茫之后一定能找到希望，到达幸福的领域。

幸福 happiness ▶

评委评语：
　　该方案设计思路新颖，设计目标明确，能从人的行为心理去研究景观设计，反过来，又通过景观设计来表达某种心理情感，详细分析了人的四种基本的情感，suffering、confusing、hope、happiness，并将这四种情感通过色彩、材料、形式以及建立在生活与文化基础上的事物将其在景观设计中合情合理地展现出来。但是场地的布局呆板，道路分布连贯性不足。情感体验应该是感性而丰富的，总体布局的机械化完全与主题不符。作者突破了各种学科的限制，将各个空间很好地融合起来，设计主题明确，具有创新意识及设计感。且方案内容表述规范，图面富有一定的艺术表现特色。能够抓住项目特征，考虑人的行为及心理需求，并提出较为合理科学的规划方案。不足之处在于效果表现略显零散。

▶ 设 计 目 标 ◀

此设计是为新生代农民工设计租赁型集合住宅区，通过多变的公共空间创造出适合他们的生活社区，既满足居住的基本需求，也可以通过一些设计影响到他们的生活方式，使他们在社区中互帮互助，共同奋斗，对未来充满希望。

▶ 主 题 词 提 取 ◀

| 新生代农民工的行为、心理状况 | ▷ 对新事物的接受能力强，渴求城市文明，个性张扬 | 私密居住空间较少，活动范围受限制 | 心理上受到城市的排挤，身心压抑 | 工作时间长，强度大，休息时间不固定，长期处于疲惫状态 |

设计主题词 ▷

希望	互助、交流	健康
Hope——Future	Communication——Connection	Health——Wealth
希望　未来	交流　联系	健康　财富

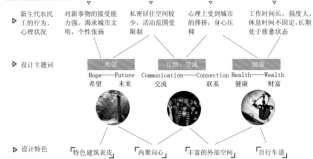

设计特色 ▷　　「特色建筑表皮」　「内聚向心」　「丰富的外部空间」　「自行车道」

▶ 目 标 人 群 ◀　新生代农民工

新生代农民工边缘性特征
工作性质的边缘性：工作不稳定，技术含量不高，收入较低
居住分布的边缘性：居住在城市边缘地区和公共管理的"真空"地带
居住质量的边缘性：出租房，建筑质量差，公共设施缺乏，卫生条件差
社会地位的边缘性：明显低于本地居民
社会心态的边缘性：自尊心、自信心偏低，消费心理萎缩

▶ 基 地 分 析 ◀

基地位于南京市下关老城区，离市中心8千米。
下关区地处南京主城区西北，濒临长江，是南京主城唯一一段城市和长江直接接触的城市岸线，和老城紧密相依，是历史悠久、内涵丰富的城市建成地区。

新生代农民工
廉租社区规划设计

建筑层

自行车道层

二层中心绿地

一层平面

绿化系统分区

一层交通流线分析

二层交通流线分析

建筑外部空间分析

自行车流线分析图

活动场地分析

编号：X074
名称：新生代农民工廉租社区规划设计
作者：钱岑
指导：史明
学校：江南大学
院系：设计学院

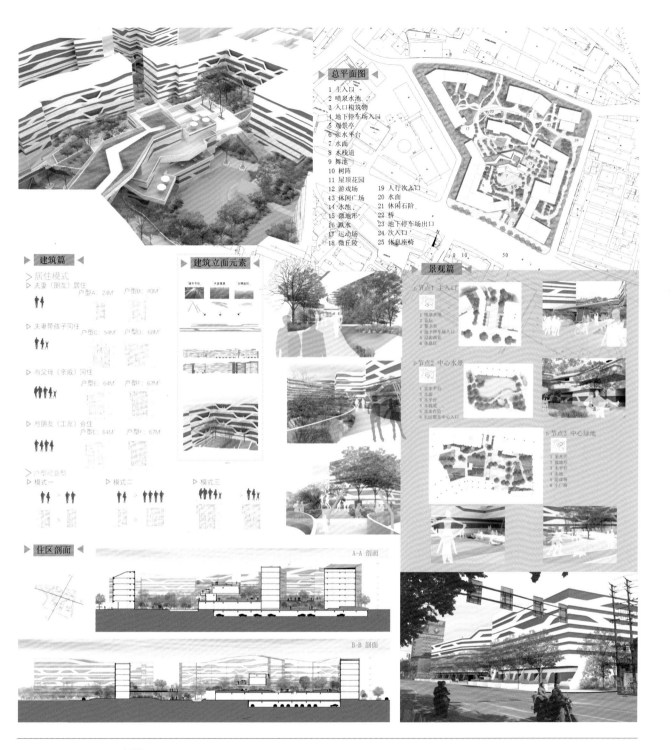

▶ 总平面图 ◀

1 主入口
2 喷泉水池
3 入口构筑物
4 地下停车场入口
5 观景亭
6 亲水平台
7 水面
8 木栈道
9 旱池
10 树阵
11 屋顶花园
12 游戏场
13 休闲广场
14 水池
15 微地形
16 跌水
17 运动场
18 微丘段
19 人行次入口
20 水面
21 休闲石阶
22 桥
23 地下停车场出口
24 次入口
25 休息座椅

0 10   50

▶ 建筑篇 ◀

▷ 居住模式
▷ 夫妻（朋友）居住
户型A：24M²   户型B：40M²

▷ 夫妻带孩子同住
户型C：54M²   户型D：68M²

▷ 与父母（亲戚）同住
户型E：64M²   户型F：67M²

▷ 与朋友（工友）合住
户型E：64M²   户型F：67M²

▷ 户型可变型
▷ 模式一   **▷ 模式二**   **▷ 模式三**

▶ 建筑立面元素 ◀

城市节奏   水波荡漾   云朵起伏

▶ 景观篇 ◀

▷ 节点1 主入口
1 喷泉水池
2 花坛
3 警卫亭
4 地下停车场入口
5 临街商业
6 休息区

▷ 节点2 中心水景
1 亲水平台
2 水面
3 木平台
4 木栈道
5 滨水步行道
6 社区服务中心入口

▷ 节点3 中心绿地
1 采光井
2 微地形
3 休息平台
4 休息亭
5 游戏场
6 小广场

▶ 住区剖面 ◀

A-A 剖面

B-B 剖面

评委评语：

在选题上，以新生代农民工这个特殊群体为研究对象，详细分析了新生代农民工的行为心理，提炼出设计关键词"希望、互动交流、健康"，并从建筑特色、多变的公共交流空间、多样的户型样式、生态自然的人工景观这四个方面很好地诠释了该廉租社区的规划理念。方案缺乏对场地以及周边社会、经济、历史文化等要素分析，没有分析选择在这里做廉租社区规划设计的理由。

选题角度较好，有一定创意性，但未考虑与周边建筑环境的协调。对于场地现状要素调查详细，方案能抓住场地现状一定问题给予解决，但缺乏对农民生活空间和生活模式的进一步体验，方案在一定程度上具有主观性，缺乏生态观念。

45

殇城·重生

舟曲泥石流遗址景观规划设计方案
ZhouQu mudslides sites landscape planning and design scheme

项目概况

选址概况

舟曲特大泥石流灾难爆发有三眼峪、罗家峪两处现场，按照典型性、代表性、规模性的遗址选择原则，泥石流遗址选址于三眼峪，以三眼峪为主体建立开敞式特大泥石流遗址纪念园，具体边界为北到峪口，南到白龙江，西以原主排导渠西岸为界，东到北山山脚，总用地42.84公顷。

项目地概况

舟曲县位于甘肃南部，东邻宕昌县，北接宕昌县，西南与迭部县、文县和四川省九寨沟县接壤。全县总面积3010平方公里，辖20个乡、2个镇，210个行政村，总人口13.47万人。境内年平均气温为12.7℃，全年无霜期平均为223天，年降雨量在400~800毫米，冬无严寒，夏无酷暑。

灾难前景象 晴空 舒适 美好 向往

灾难后景象 阴暗 破碎 摧残 恐怖

区位分析

遗址在县城的位置　　县城在舟曲县的位置　　舟曲县在甘肃省的位置

设计分析

设计思想

真 实	历史的价值在于真实，对泥石流现场尽量进行原貌保存，是建立遗址景观的根本原则，是科学价值的体现。
完 整	灾害发生是一个完整的自然过程，遗址保护应在科学评估的基础上，尽量完整地保留泥石流灾害整个发生过程，为开展科学研究留下宝贵的线索证据。
典型、规模	对灾损现场、人文遗迹应选择最具典型性、代表性的现场进行保护，达到对参观者形成视觉冲击和心灵震撼的强烈效果。
简洁、朴素	泥石流遗址的规划建设应坚持简洁、朴素的原则，突出纪念、科研与教育等主题，避免建设标准过高、脱离实际需求的设施。
动态、安全	三眼峪泥石流尚处于发展演化时期，遗址景观规划设计要充分考虑泥石流可能再次发生的动态性特征，以确保城市村落安全为第一要义，在空间处理，安全防护上，动态适应泥石流的可能变化。
城市生活	纪念园处于城市中心地带，是城市结构重要的一环，规划设计应紧密结合城市生活需求，为城市防灾、文化休闲、旅游服务提供必要的空间，同时，纪念园氛围营造要充分考虑城市居民的心理感受。

设计表达

遗址景观文化	水体景观	后现代表现手法	景观体验性
遗址景观是此课题的主题和亮点，要把握住遗址为中心，处理好遗址与周边环境的衔接。	舟曲素有"泉城舟曲"之美誉，水体景观是一个重点，静水与环境结合给人素雅感与凝重感。	用后现代表现手法进行整体设计，对现在的批判，让人反思灾难的同时反思对环境的破坏。	遗址景观具有自身的特殊性，整体规划给人一种震撼感，体验到灾害的可怕，呼吁保护自然。

SWOT分析

优势分析

泥石流遗址具有深远的纪念意义、独特的游赏价值、珍贵的科研价值、重要的科普功能

劣势分析

经济发展水平较低，遗址景观建设投入不足、缺乏后劲；基础设施建设滞后，配套综合服务水平较差；自然灾害多发，已造成损失

机遇分析

国务院高度重视舟曲县泥石流后重建工作，甘肃省政府并成立灾后重建领导办公室

挑战分析

要结合尊重逝者，遗址与现代景观的结合发展；脆弱生态环境背景下，面临遗址景观建设和生态环境协调发展的严峻挑战

主题建筑演变

平面图纸分析

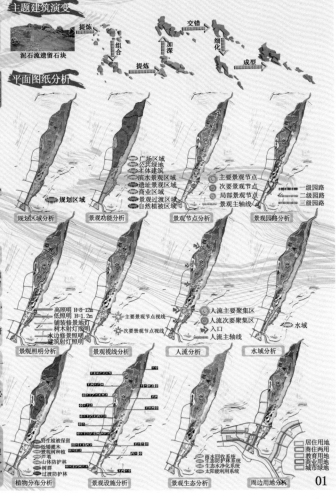

01

编号：X289

名称："殇城·重生"舟曲泥石流遗址景观规划设计方案

作者：刘中长

指导：陈敏　刘艺杰

学校：西北农林科技大学

院系：林学院艺术系

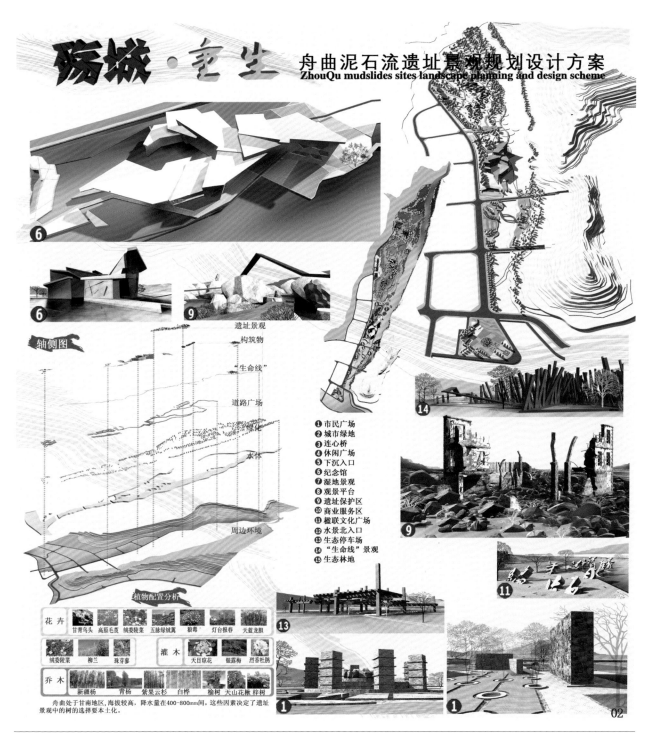

殇城·重生

舟曲泥石流遗址景观规划设计方案
ZhouQu mudslides sites landscape planning and design scheme

轴侧图

遗址景观
构筑物
"生命线"
道路广场
绿化
水体

周边环境

❶ 市民广场
❷ 城市绿地
❸ 连心桥
❹ 休闲广场
❺ 下沉入口
❻ 纪念馆
❼ 湿地景观
❽ 观景平台
❾ 遗址保护区
❿ 商业服务区
⓫ 楹联文化广场
⓬ 水景北入口
⓭ 生态停车场
⓮ "生命线"景观
⓯ 生态林地

植物配置分析

花卉	甘青乌头	高原毛茛	绒委陵菜	五脉绿绒蒿	狼毒	灯台报春	天蓝龙胆

	绒委陵菜	柳兰	珠芽蓼	灌木	天目琼花	银露梅	然香杜鹃

乔木	新疆杨	青杨	紫果云杉	白桦	榆树	天山花楸	梓树

舟曲处于甘南地区,海拔较高,降水量在400~800mm间,这些因素决定了遗址景观中的树的选择要本土化。

02

该方案选题较为新颖,并且能够将泥石流遗址的特点进行很好的分析与表达,更加重要的是,还对环境治理提出了解决的方案和计划,表明作者具有全局的景观规划设计思想,只是图面效果较为灰暗,影响了两张图版的展示协调性。

作为遗址公园规划设计方案,前期调研工作做得较为到位,但在方案生成的表述上稍显不够。方案也过于依赖小品构筑物,景观规划的逻辑较为不清晰。分析的结果没能很好地体现在景观规划设计上。

选题新颖,具有时效性。主观理念不错,但对于现状的考察、调研、分析不足,是否地基状态适合建筑物的建立?是否需要用常规景观手法来营造观光公园式的遗址公园?这些都没有仔细推敲。设计深度不足,设计方案应更注重教育及警示意义,而不是视觉形式。

RECOVER THE LOST LAND
恢 复 遗 失 的 土 地

区位背景

位于陕西关中平原腹地，地处暖温带，属大陆性季风湿气候，四季冷热干湿分明，是个中小型城市，南北长145千米，东西最宽106千米，面积10119平方千米，人口504万人。中国历史上第一个统一中国的封建王朝—秦王朝建都之地。在市北10千米处渭北百余千米的高原上，分布着27个帝王的陵墓和256个座陪葬墓，咸阳是一个新兴的工业城市，已形成纺织、电子、煤炭、石油化工、机械为主体的工业体系，需要更多的空间和劳动力。

近年来城市的迅速扩张不断地分割和吞噬着边缘地区，从而给边缘区带来一系列的社会、经济、环境生态等问题。古都咸阳它浓厚的历史气息，决定着咸阳的城市发展要和其他不同，咸阳市区向北十千米处有很多陵墓。咸阳是主要沿着渭河东西向发展，南北次要发展。边缘所设计的这块区域处于咸阳北部的塬上。

设计所需要的地块，位于咸阳市北部的边缘地区，宽约两千米，长约七千米。

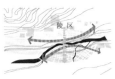

陵区

周边用地结构分析：

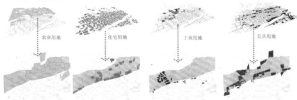

农业用地　　住宅用地　　工业用地　　公共用地

设计理念：

城市的无序蔓延，导致城市边界出现各种问题，在边界的规划过程中，我们将整合边界景观，针对我们提出的边缘地区的问题，将当地传统民居的建筑形式保留下来，并拓展新的生土建筑形式，创造一个宜居的环境，增大土地利用率，与此同时，可以传承当地的传统文化，使边界成为城市与农村交流的纽带。

N

1:10000

工业区　　观赏性景观　　低矮建筑群
农耕地　　可食用性景观　　地坑窑社区

解决：

A.

A.
针对边界内居住区：建造地坑窑社区，整合地坑窑周边环境，最大限度维护耕地面积，扩大景观用地，创造一个宜居的环境。利用建筑垃圾和工业废弃物等"堆山造景"，形成新鲜、富有趣味性的观赏性景观。

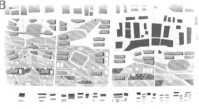

B.

B.
该区域以"求学的阶梯"为主线，运用台阶形成独特的半围合空间。创造出学习的最佳氛围。设计试图对庄稼、果树、蔬菜和校园做一个重新认识，让可食用性景观进入校园。

C.

C.
针对边界内工业区：在该区域周围设置景观隔离带，有效减少工业区对附近居民以及耕地的不利影响。

编号：X225
名称：恢复遗失的土地
作者：武凯　毛双　张瑞坤　朱玮　毕鹏鹏
指导：刘晓军　杨豪中
学校：西安建筑科技大学
院系：艺术学院

RECOVER THE LOST LAND

恢复遗失的土地

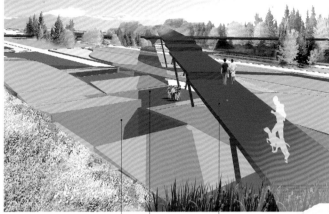

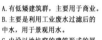

链接： 是人与人的链接，也是城市与农村的链接。城乡一直都有思想上和生活方式的差异，所以边界地区需要一个场所来协调彼此，此区域设有文化交流区，地坑窑社区，污水过滤区，利用高架链接大学城和地坑窑社区。彼此不可分割。

A.有低矮建筑群，主要用于商业。
B.主要是利用工业废水过滤后的中水，用于景观用水。
C.内设以地坑窑的建筑形式的展览馆、美食馆、大学生活动室等。
D.链接A B C三地的方式。

"求学的阶梯"

此区域以"求学的阶梯"为主题，运用台阶形成独特的半围合空间，创造出学习的最佳氛围。设计也试图对庄稼、果树、蔬菜和校园做一个重新的认识，让可食用性景观进入校园，使得学生在一个现代城市环境中学习书本知识的同时，能感受自然的过程、四季的演变、农作物的春秋和民以食为天的道理。

评委评语：

　　对场地及其周边地区的自然、社会、经济、历史文化等要素的综合分析与评价客观科学，针对现状存在的问题、挑战和机遇提出解决问题的原则与战略符合当地特点，尤其对场地人文关怀方面表现深入。设计目标、原则、理念与设计成果一致性较强。对方案全部内容表述清楚、规范，一目了然；图文比例得当、色彩搭配协调优美；图面富有艺术感染力。

　　对场地及其周边地区的自然、社会、经济、历史文化等要素的综合分析全面而深入，针对城市边缘现状存在的问题提出的解决问题的原则与战略具有新意，表现出作者对区域性和局地性生态、环境和社会问题的关注，景观设计富有现代感及创造性。设计目标、原则、理念与设计成果一致性较强，图面表现具有较强的艺术性，但内容组织不够清晰。

地理位置 设计基地坐落于陕西省西安市浐灞湿地生态区，周边交通便利，区域位置较佳。

周边环境及交通 项目周边紧邻经济技术开发区，西安国际港务区，以及主城区。灞河横穿整个基地。此地区与周边建立了良好的功能关系。西邻公路，周边有西阎高速西铜高速，灞河距离咸阳国际机场30km，交通便利。

A 浐灞生态湿地区
B 经济技术开发区
C 主城区
D 西安国际港务区

■ 世园会与周边地区的主要交通流线
■ 西安世园会所在区域

── 与城市的联系

基地调研分析

原始基地　　建设中的基地　　完成后的基地

空间用途分析

		人群分析		
30%	展览展示	10%	学生
20%	旅游观光	15%	管理人员
20%	休闲娱乐	10%	上班一族
17%	交通	30%	外来游客
10%	商业	35%	当地居民
3%	其他		

思路展开

WHAT 什么是以"地震"为主题的景观设计

以现代的表现手法，通过对当今世界频繁发生地震，而引发我们对震后的思考，进而产生对自然进行一种概念复原，模拟地面断裂现象，使地表产生起伏，将其抽象成具有断裂感景观的构思。

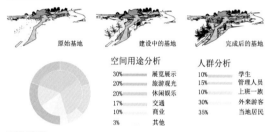

HOW 如何体现"换一个角度看自然"

通过对当今频繁发生地震，而引发我们思考震后景观的形式。故而在此场地模拟震后景观的重生与复苏，身临其境，人们走入破碎起伏的地面，从裂缝中看大地，走入地下，换一种视角看自然，亲身去感受，唤醒人们对生命生命保护的意识。

视角分析 换 & 视角 ?

平行视角　　斜面视角　　下沉视角

"退"视角　　空间视角

换一个角度看自然 Change an Angle look natural
西安世园会广场景观设计 Xian expo square landscape design

元素提取

地震伊始　　强震阶段　　震后废墟

地形分析图　　景观流线分析图

景观分析图　　流线分析图

主要人流动线
次要人流动线
景点观赏动线

景观节点
景观轴线

图例说明
01 地下广场A入口
02 地下广场B入口
03 地上广场入口
04 地上展馆入口
05 水景
06 大厅
07 展览馆
08 下沉广场绿化
09 地上广场绿化区
10 温室花卉种植园
11 梯田式灌木种植区
12 小型灌木种植区
13 低矮乔木种植区
14 高大乔木种植区

景观绿化分析图 广场的景观绿化主要由三部分组成，下沉式广场绿化，地上广场绿化和梯田式灌木绿化。形式丰富，具有变化。使整个广场空间具有很强的层次感，符合了世园会的主题和功能。

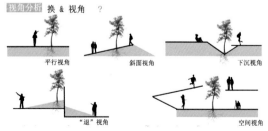

下沉式广场绿化　　地上广场绿化　　梯田式灌木绿化　　整体绿化分布

A-A立面图

B-B立面图

编号：X283
名称：换一个角度看自然——西安世园会广场景观设计
作者：周可昌　徐馨
指导：雷柏林　胡喜红
学校：西安工业大学
院系：艺术与传媒学院

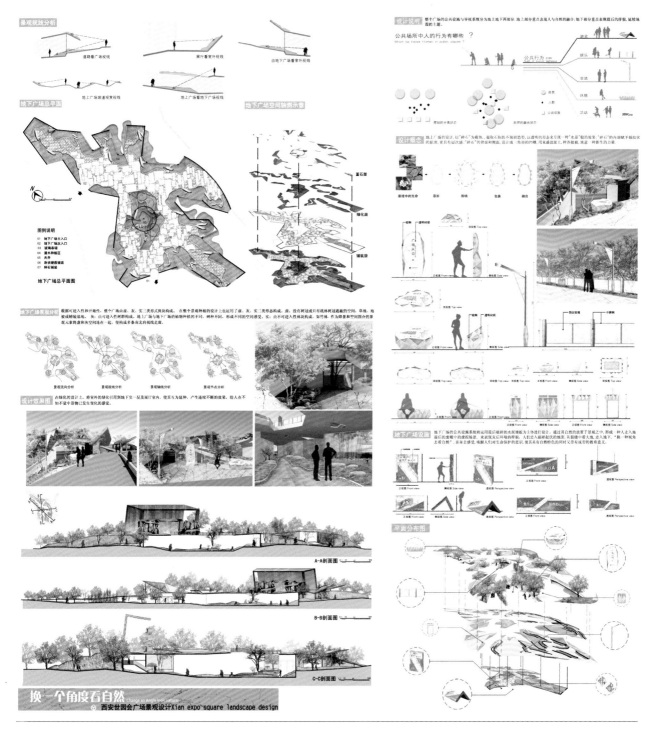

换一个角度看自然 Change an Angle look nature
西安世园会广场景观设计 Xian expo square landscape design

评委评语：

该方案用清新淡雅的分析和图面元素，从新的角度对大自然进行了阐述，表明作者创造性地解决了广场景观的自然与生态，并且还对人的因素进行了到位的分析，即使在小的场所里也维护了自然生态系统的完整，在概念上给人一种耳目一新的感觉。本方案从调研分析到方案生成都有着较为清晰完整的思路。图纸表现清楚到位。作为小尺度的景观设计，能够将设计概念充分融入到景观设计的细节中去。作品对形式来源构思表述详尽，但对于基地环境分析较简单。空间区域划分清晰，空间形式感强，地形变化与空间穿插丰富。提出"地震"的主题是很好的创意，可惜除了形式感外，并无其他与主题的联系。理念提炼不足，应牢牢扣住"地震"及其教育意义来设计景观及其元素，并点明主题。设计表现效果较好。

本方案立足于对历史街区价值的认识，结合鄚州古镇街区空间的规划设计实例，从城市设计的角度将历史街区空间作为延续城市地域文化的重要途径，从保护与更新的理念入手，结合街区历史背景等相关文献，通过测定街区的边界分维数、空间尺度和空间构型的变量，从街区空间的整体、局部和节点三个角度入手，系统地研究历史街区空间的形态。以期实现鄚州地域文化的继承和发展，并为人们创造出更加宜人、富有场所精神的生活空间。

街区构型与基本功能分区

根据古镇路网结构和开阔空间分别制作轴线分析图和凸多边形分析图，并根据它们划分古镇基本功能区。

地理位置

鄚州位于任丘城北16.5km，地处北京、天津和保定的三角中心地带，水陆交通极为方便。

现有用地

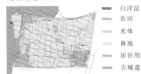

- 白洋淀
- 农田
- 水体
- 林地
- 居住用地
- 古城遗址

交通情况

- 国道
- 县道
- 乡道
- 千里堤

水系情况

- 水系
- 白洋淀
- 千里堤

植物分析

- 田地树林
- 荷花池塘
- 淀边芦苇
- 河渠植物

街区体块划分

依据街区的原始肌理，将鄚州古镇拆分为几个功能完善的小尺度空间共同构成的空间

旅游资源

交通及水系设计

- 回车小广场
- 消防车道
- 停车场

SWOT分析

优势 Strength	劣势 Weakness	机遇 Opportunity	威胁 Threat
白洋淀品牌影响力	粗放的经营模式	白洋淀周边城市成型	城市历史文化特色缺乏保护
优越的地理位置	工业用地与规划定位的冲突	强有力的政策支持	现状交通条件较为落后
便捷的交通可达性	部分人文古迹的消失	新农村建设	当地旅游知名度不足
岸线巨大的开发空间	景观特色不足	旅游模式转变	

空间发展方式

- 居住区
- 商业区
- 文化区
- 旅游区
- 农田
- 绿地

- 老城位置
- 新城位置

本方案通过测定古镇不同时期的边界分维数来评估古镇空间的发展方式。根据公式：

$$D = 2\ln(P/4)/\ln(A)$$

其中D为边界分维数，P为古镇周长，A为古镇面积。

古镇早期分维数值为：1.070131878

古镇分维数现状为：1.071255966

数值接近，说明鄚州古镇街区空间的发展比较稳定。

用地面积指标

类型	千人指标	总计	指标	总计	用地面积指标	所需用地	城镇用地面积	容积率	建筑面积
小学	50座/千人	750	40座/班	18.75	18班：20平方米/生	15000	20000	0.8	16000
初中	23座/千人	345	50座/班	6.9	18班：24平方米/生	15840		0.9	18000
高中	21座/千人	315	50座/班	6.3					
医院	4床/千人	60			117平方米/床	7020	10000	1.5	15000
体育设施					1平方米/人	15000	15000	1	15000
文化娱乐设施					0.8平方米/人	15000	15000	1.5	22500
商业					5平方米/人	75000			

编号：G005
名称：空间的记忆
作者：康菲菲
指导：高迎进
学校：南开大学
院系：文学院艺术设计系

最佳分析与规划奖

民居单体设计

表1　2009年河北家庭人口情况

地区	常住人口 （人/户）	整半劳动力	整半劳动力占 常住人口比重 %	劳动力负担人口 （人/劳动力）	在校生人数 （人/户）
河北	3.7	2.8	74.6	13	0.6

表2　农村家庭类型结构

年份	核心家庭	直系家庭	扩展家庭	不完全家庭	其他	合计
2003	65.70	28.11	2.17	3.68	0.35	100.00
2004	65.42	26.81	3.05	4.25	0.46	100.00
2005	64.47	28.33	3.00	3.71	0.49	100.00
2006	63.03	29.90	2.33	4.34	0.41	100.00
合计	64.67	28.29	2.63	3.99	0.43	100.00

- 核心家庭
- 直系家庭

在未来的发展中古镇中的核心型家庭与直系型家庭的比例约为7:3。

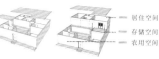

- 居住空间
- 存储空间
- 农用空间

■ 核心家庭

□ 直系家庭

商业建筑单体设计

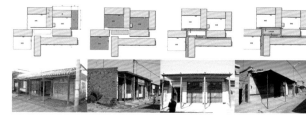

- 居住空间
- 商业空间
- 挑檐廊道

民居组团现状

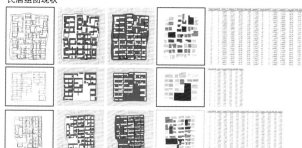

郑州古镇的民居组团中，基本上从一个民居院落出发最多经过一个民居院落就可以到达一个小型的集会空间。

民居组团设计示例

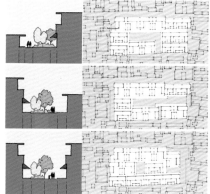

从组团中的单体建筑来说，因为民居组团的街道宽度为3~5m左右，因而建筑高度宜控制在1~2层。其空间构成依旧延续三合院形式。

这三种组团的内部都相应地穿插了一些绿地作为集会空间。将古镇的商业空间与居住空间自然地联系在一起。

- 古镇博物馆
- 民用商业街

商业组团现状

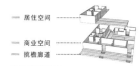

选取古镇商业街的空间组团，将它们进行图形反转得到其开阔空间的图形，然后生成凸多边形分析图。

三个空间组团内部都有一些连接值比较高的空间区域。同时，在它们之间往往存在一片开阔空间作为功能过渡区，这一区域也是这一组团中连接值最高的区域，可以作为小型的集会或缓冲区，同时服务于商业空间和居民。

商业组团设计示例

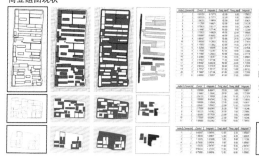

组团中的商业建筑延续了郑州地区的三合院形式，且其功能结构保持了商住两用的功能构成形式，并根据家庭人口的构成数量的不同在建筑尺度上有所差别。这三种组团方式都首先考虑到组团中的清代门面的处理。

- 古镇博物馆
- 清代门面
- 建国初期建筑

最佳分析与规划奖

评委评语：

　　该方案体现对地域文化的关注，将定量分析方法应用于古镇街区空间的保护与利用，避免了传统空间形态保护定性分析的局限，有一定创新性，但同时带来了对"软文化"思考的不足，希望采用定量与定性相结合的方式。分析过程翔实，但分析结果有待进一步明确。图纸表述清楚、逻辑、规范。

　　对场地及其周边地区的自然、社会、经济、历史文化等要素能够做综合分析与评价，能够体现对当地文化街区，包括商业区和居住区的分析整合，关注当地的生态环境与资源优势。但整体创新性略显不足，缺乏感染力。

DRIFT IN CITY

Let the architecture disappear,Let the urban flow,Let the world coalesce. Through
the investigation and understanding of Inashiki county in ibaraki prefecture,we have
put forward a practical and bold tentative city plan of it to 2050.This plan proposes
to enable the city to become a large-scale natural landscape, where there is no
fixed construction, but makes the buildings move, just as some cars, "go where
you want to go". This transformation of architectural style increases the area
of farmland and forest. Simultaneously, the improve of the transportation
means ,namely changes the original ways to the light rails,waterways,cycling
and walking,can make the traffic more environmental friendly. On the one
hand, we suppose there will be a pure ecological landscape without any
buildings made of cement . on the other hand, we have made some tiny
transformation on the architecture, which is a new ecological city plan.

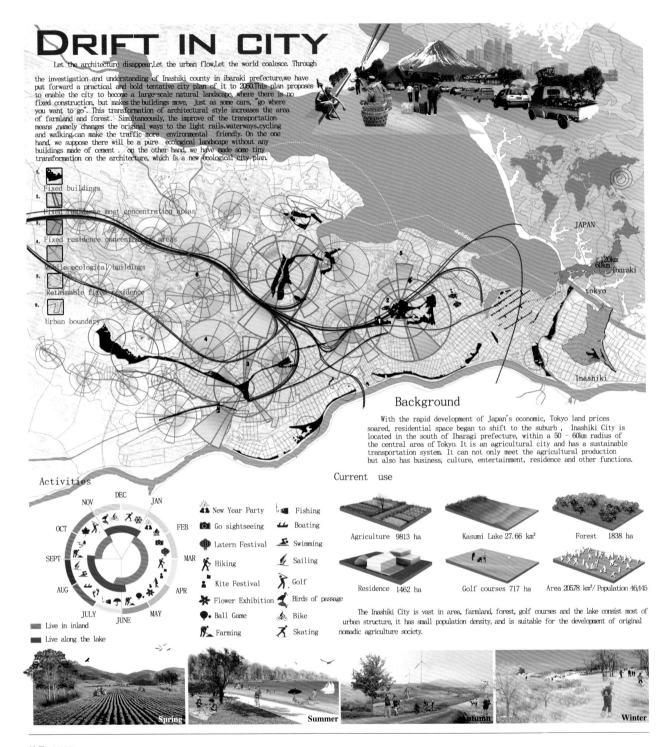

1. Fixed buildings
2. Fixed residence most concentration areas
3. Fixed residence concentration areas
4. Mobile ecological buildings
5. Retainable fixed residence
6. Urban boundary

JAPAN

120km
60km Ibaraki

tokyo

Inashiki

Background

With the rapid development of Japan's economic, Tokyo land prices
soared, residential space began to shift to the suburb , Inashiki City is
located in the south of Ibaragi prefecture, within a 50 - 60km radius of
the central area of Tokyo. It is an agricultural city and has a sustainable
transportation system. It can not only meet the agricultural production
but also has business, culture, entertainment, residence and other functions.

Activities

NOV DEC JAN
OCT FEB
SEPT MAR
AUG APR
JULY MAY
JUNE

🎉 New Year Party
📷 Go sightseeing
🏮 Latern Festival
🎿 Hiking
🪁 Kite Festival
🌸 Flower Exhibition
⚽ Ball Game
👨‍🌾 Farming

🎣 Fishing
🚣 Boating
🏊 Swimming
⛵ Sailing
🏌 Golf
🦅 Birds of passage
🚴 Bike
⛸ Skating

■ Live in inland
■ Live along the lake

Current use

Agriculture 9813 ha

Kasumi Lake 27.66 km²

Forest 1838 ha

Residence 1462 ha

Golf courses 717 ha

Area 206.78 km²/ Population 46,445

The Inashiki City is vast in area, farmland, forest, golf courses and the lake consist most of
urban structure, it has small population density, and is suitable for the development of original
nomadic agriculture society.

Spring

Summer

Autumn

Winter

编号：X229
名称：Drift in City——日本茨城县稻敷市花园城市规划设计
作者：宁一洁　陆大伟
指导：张蔚萍　杨豪中
学校：西安建筑科技大学
院系：艺术学院

最佳分析与规划奖

DRIFT IN CITY

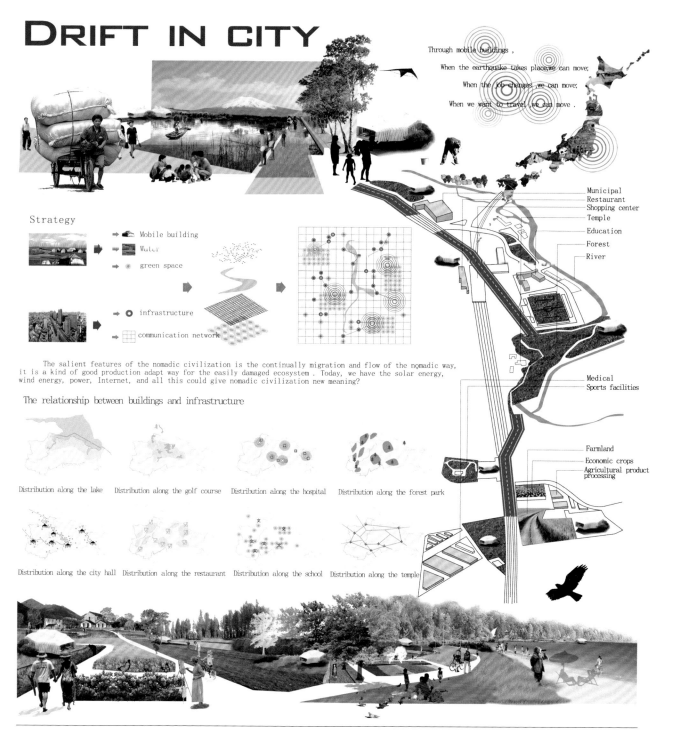

Through mobile buildings,
When the earthquake takes place,we can move;
When the job changes we can move;
When we want to travel we can move .

Strategy

→ Mobile building
→ Water
→ green space
→ ○ infrastructure
→ communication network

Municipal
Restaurant
Shopping center
Temple
Education
Forest
River

Medical
Sports facilities

Farmland
Economic crops
Agricultural product processing

The salient features of the nomadic civilization is the continually migration and flow of the nomadic way, it is a kind of good production adapt way for the easily damaged ecosystem . Today, we have the solar energy, wind energy, power, Internet, and all this could give nomadic civilization new meaning?

The relationship between buildings and infrastructure

Distribution along the lake   Distribution along the golf course   Distribution along the hospital   Distribution along the forest park

Distribution along the city hall   Distribution along the restaurant   Distribution along the school   Distribution along the temple

评委评语:

　　本案中的一些观点对于现代城市的规划有一定的借鉴意义，还是值得深入研究的；图面表达较为美观，图文比例也基本合理。该方案选题对于人类居住环境及行为模式有着一定深度的思考，对于特定环境下卫星城镇人们的行为模式、需求、现状等分析均很透彻，在此基础上提出"城市漂移"这一概念。和以往设计不同，该方案设计目的没有旨在通过设计来改造环境，而是通过一种模式想法的提出，使得人、建筑物去适应去追逐环境，思考视角很独特。另外图纸表达具有很强的视觉冲击力，是一个不可多得的优秀的概念设计作品。该方案属于研究性规划设计课题。对于一个"地震"多发性的日本国家来说，提出可移动建筑课题研究，具有很好的想象和超越精神。设计分析与表现较好，以图文并茂的方式向读者介绍了设计研究成果。

富平陶艺村景观规划改造设计 FUPING POTTERY VILLAGE PLANING REFORM DESIGN

A 前期调研篇

■ 区位图 Position Chart

位于陕西省中部，关中平原和陕北高原的过渡地带，属渭北黄土高原沟壑区，地表大部为疏松沉积物黄土覆盖。东邻蒲城、渭南，南接西安市临潼区、阎良区，西连耀县、三原，北依铜川市，地理位置优越。境内有西包、西禹、富闫高速公路和 106 省道，咸铜、西韩两条铁路通过，交通便利。

■ 自然环境分析 Entironment Analysis

春暖干燥，降水较少，气温回升快，多风沙天气，夏季炎热多雨，秋季凉爽湿润，气温下降较快，冬季寒冷干燥，气温低，雨雪稀少。陕西温度的分布，基本上是由南向北逐渐降低，各地的年平均气温在 7~16℃。由于受季风的影响，冬冷夏热、四季分明。年降水量的分布是南多北少，由南向北递减，受山地地形影响比较显著。年降水量平均 700~900 毫米，各地降水量的季节变化明显。

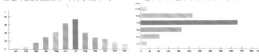

■ 现状分析 Current Analysis

B 设计构思篇

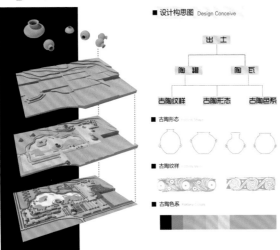

■ 设计构思图 Design Conceive

出土

陶罐　　　陶瓦

古陶纹样　古陶形态　古陶色系

■ 古陶形态 Pottery Shape

■ 古陶纹样 Pottery Sheen

■ 古陶色系 Pottery Colors

C 规划设计篇

■ 平面图 Plan Design

N

■ 图例 Legend

❶ 入口喷泉　　　❷ 入口广场
❸ 服务中心　　　❹ 停车场
❺ 休闲商业街　　❻ 休闲树阵
❼ 度假酒店　　　❽ 休闲商业街
❾ 工厂房　　　　❿ 建材储备区
⓫ 景观大道　　　⓬ 亲水文化广场
⓭ 文化体验馆　　⓮ 陶艺街
⓯ 水上陶艺廊　　⓰ 陶乐湖
⓱ 岛上会所　　　⓲ 垂钓岛
⓳ 景观桥廊　　　⓴ 院落式别墅
㉑ 次入口广场　　㉒ 习仲勋广场
㉓ 嘹园塔　　　　㉔ 瞭园广场
㉕ 采果区　　　　㉖ 博物馆前广场
㉗ 涉水石板桥　　㉘ 果园观光区

D 规划分析篇

■ 功能分区图 Function Space anaiysis

N

休闲娱乐区
商业街区
别墅区
生态观光区
博物馆群区
建材工厂区

■ 交通流线图 Traffic Streamline anaiysis

N

主要入口
次要入口
主要道路
次要道路

■ 景观节点图 Sight Node anaiysis

N

景观节点
景观视线
景观轴线

■ 绿化带图 Afforestation Zone anaiysis

N

生态绿化带
别墅绿化带
水景绿化带
道路绿化带

编号：X345
名称：出土——富平陶艺村景观规划改造
作者：高向攀　刘志民　周昭宜　周梦　李锦平
指导：攀帆
学校：西安美术学院
院系：建筑环境艺术系

F 建筑分析篇

■ 作坊结构演变图 Workshop Structure Develop

元素形态 + 建筑形态 ⇒ 形态演变 ⇒ 叠加造型

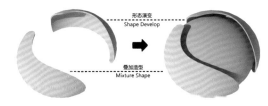

形态演变 Shape Develop

叠加造型 Mixture Shape

E 景观节点篇

■ 大门造型分析

基本形　　侧视图　　正视图　　入口大门

■ 文化墙造型分析

基本形　　出土形　　罐口形　　文化墙

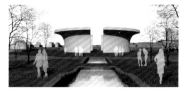

■ 陶艺廊造型分析

基本形　　提炼　　深入　　陶艺廊

■ 中心广场造型分析

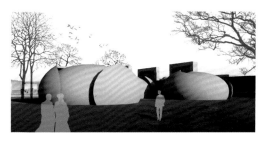

■ 鸟瞰图 Aerial View

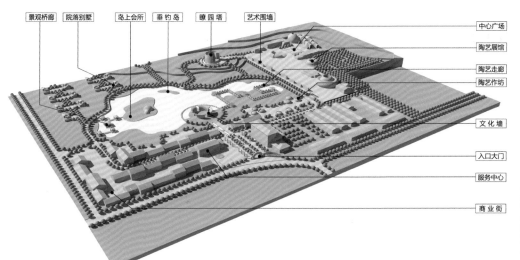

景观桥廊　　院落别墅　　岛上会所　　垂钓岛　　瞻园塔　　艺术围墙

中心广场

陶艺展馆

陶艺走廊

陶艺作坊

文化墙

入口大门

服务中心

商业街

■ 用地性质对比图 Location Nature Contrast

绿地60%
建筑20%
道路10%
水体5%
其他5%

绿地45%
建筑20%
道路10%
水体20%
其他5%

最佳分析与规划奖

绿地布局与其他的布局的功能、布置统筹安排做到了合理的规划，布局分区满足游览客和当地居民的休息和游览所需。规划中，在场地上设置了店景休息类、文教展示类、服务类及管理类的建筑，使得建筑分类更能满足游览客和当地居民所需大量观光客和车辆通行的道路，做到了满足消防安全的需求。次要道路分布于各景区内，通向各个主要建筑景点，规划中配合好了与主园路、游步路间的相通。

评委评语:

作品从立意构思到规划设计能够紧扣"陶文化"这一主题展开，且能将"陶文化"这一精神层面的东西恰如其分地物化为设计的具体形态和表现，可见设计者成熟和扎实的设计功底。各部分景观节点的设计从古陶形态演变而来，寓意明显，形式统一，具有一定的创新性。对于场地规划，总体布局合理、功能分区明确，方案表述清楚、规范，但缺乏对场地现状的充分调研与分析，以及新旧交融的控制措施。作品风格色调统一。设计的步骤详细划分为：前期的调研，设计构思，规划设计，规划分析。在前期的调研中，设计者结合了当地的特色——陶文化，并选取了古陶色系作为自己设计的主色系，古陶的形态作为自己的设计参考形态。在设计构思中，采用了模型的演变来说明思维的过程，形式新颖。规划分析篇中，简洁地列出了各种功能分区。

1. 项目现状分析 Project Analysis

1.1. 项目背景 Project Background

白蕉糖厂位于中国广东省珠海市斗门区白蕉镇西南部，经度113.2°，纬度22.2°。厂址选在白蕉镇公社成裕围，于1964年7月筹建而成，地处珠江口磨刀门西侧河以及粤西沿海高速公路和江珠高速公路出口，并且地域广阔，土地资源、水资源充裕，黄杨河岸线长口位置，区位优势和地域条件得天独厚，由于甘蔗源逐步减少在1999年停榨了，白蕉糖厂是20世纪60年代兴建的包豪斯风格的建筑，是当年工业建筑风格为德国和苏联，从苏联而来的珍贵的历史见证，整体建筑群至今完好地保存下来，记录着中国民族制糖业发展的历史重要篇章。

区位分析

1.2. 项目现状 Project status

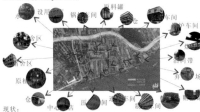

现状：A.项目的场地尺度宽广 B.可塑造空间容量大 C.特色形态的构筑物 D.价值性强的建筑群 E.乔木植被郁郁葱葱 F.丰富的滨水沿岸线

1.3. 项目周边人流 Flow around the project

私密程度：

城区人群 / 村民 / 城区人群 / 村民

从前 / 现状 / 将来

公共 半私密 / 半公共 私密 / 公共

白蕉糖厂再利用原有场地资源提供周边两地人群公共空间，在保护场地下，更新再造现代人的公共活动空间，改变私密与公共空间关系。

1.4. 空间形态解析 Space the analysis

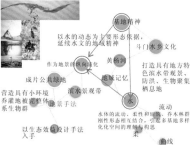

以水的动态为主要形态依据，延续水文的地域精神

基地精神 / 斗门水乡文化 / 黄杨河 / 地域记忆 / 水 / 流动

作为地景的纵向绿化

成片公共绿地 / 滨水景观带 / 亲水手法

打造具有地方特色滨水带观景、防洪、生物聚集栖息地

营造具有小环境乔灌地被密林体系生物群

以生态效能设计手法入手

水体的流动、柔性和刚性，乔木林群化空间的理解与构想

曲线

1.5. 设计出发点 Design to begin

设计出发点：项目基地综合因素（对象—地域、水文化、使用功能、新景观形成…）作为设计思考的根据，再从空间格局发展形势中去探索各种综合因素的实现

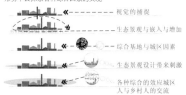

视觉的捕捉 / 生态景观与嵌入与增加 / 综合基地与城区因素 / 生态景观设计带来刺激 / 各种综合的效应城区人与乡村人的交流

1.6. 项目建筑分析 Construction of the projec

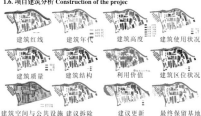

建筑红线 / 建筑年代 / 建筑高度 / 建筑使用状况
建筑质量 / 建筑结构 / 利用价值 / 建筑区位状况
建筑空间与公共设施 建议拆除 / 建议更新 / 最终保留基地

2. 设计演绎 Design interpretation

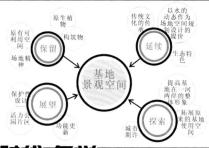

原生植物 / 构筑物 / 传统文化的传承 / 以水的动态作为场地空间规划设计的媒介性
原有可利用空间 / 场地精神 / 保留 / 延续 / 生态特色
保护性设计 / 基地景观空间 / 提高基地在一河两岸的整体形象
活力公园片区 / 展望 / 探索 / 功能更新 / 拓展原来的基地使用空间
城市期许

演绎进化：园区整体公共绿地设计为模型绿地为主理念；在设计构思上，主要是以斗门水乡的特色滨水带观景地，通过对原有工业区进行功能置换与完善，保留大部分工业车间建筑进行保护性改造，将白蕉旧工业区更新成为新的城市活力片区，建设后极富滨江特色的水乡风情休闲与游憩设施，吸引人群聚集，促进文化、生态、旅游等特色产业及其他相关产业共同发展。

综合评估原建筑与植物布置平面图 / 园内增加植物的配置 / 嵌入地表物 / 乔木、灌木、地表植物三者形成关系

其次园区建筑的颜色为单一的灰调与黄调为主，因此在景观设计的植物配置采取乡土树种为主体，增加色叶树种，常绿与落叶树结合，增加园区的色彩调子，相互映衬。

最终生成平面分析图 / 屋顶蔬菜园、花卉园的布局 / 公共设施的布局 / 园内水体的分布

路面原辅装加以二级道路 / 滨水带、码头的注入

时代 复兴
珠海市白蕉糖厂工业遗产保护性改造设计01

3. 释题：
由于在南方传统工业区往往依托天然河流或运河形成规模布局，珠海市白蕉糖厂就是一个典型的例子，作为《珠海市西部中心城区发展概念规划》保护重点项目之一，白蕉糖厂并占据着黄杨河畔的良好核心区位，通过对原有工业区进行功能置换与完善，保留大部分工业车间建筑进行保护性改造，将白蕉旧工业区更新成为新的城市活力片区，建设后极富滨江特色的水乡风情休闲与游憩设施，吸引人群聚集，促进文化、生态、旅游等特色产业及其他相关产业共同发展。通过修复工业历史人文景观、遗留老厂房改造、引进低碳与生态学设计手法，既有利于节约改造成本，城市地自动化置换，还通过对基地现状资源的充分利用，最后演绎而成——后工业景观公园，工业历史文脉时代的延续，带动老城镇发展战略的复兴。

4. 设计概念：
基于以上功能要求、地域及场地特征，提出白蕉糖厂设计两个概念：（1）"城乡－自然"谱系：公园整体生态结构，以水流动的方向从里到外扩散，分别平行向以东、南、北分层推进，功能和形式上呈现由城乡向自然的层层递变，形成一个"城乡－自然"递变的谱系，与人对公园的使用强度相对应（2）取样水乡：在景观元素构成和材料上，设计采用了取样的方式反映白蕉糖厂的地域自然、传统文化、工业景观特色。取样对象包括从水水动态和植物群，到场地空间资源与后工业景观和空间体验，并使公园提供完整而丰富的景观和空间体验，以实现工业遗产的可持续生态学发展（绿色廊道、屋顶绿化、生态温室、滨水生态、雨水收集），同时六大主题设计探索，提升白蕉糖厂工业遗产价值的功能存在性，后工业景观颇具魅力，对白蕉糖厂工业遗产保护与再利用进行新一番探讨。

基础设计分析：

主题分区分析图 / 交通流线分析图 / 空间结构分析图 / 公共设施规划图
景观系统分析图 / 组织构成分析图 / 雨水收集系统分析图 / 夜景灯光示意图

规划总平面图

0 5 10 15 20

编号：G110

名称：时代 复兴

作者：张斌全

指导：王薇

学校：北京理工大学

院系：珠海学院设计与艺术学院

5. 设计主题Design themes

设计主题：（后工业景观公园计划包括六大主题）

主题一：A区绿色生态带——绿色廊道区。 规划了多条南北轴走向的绿色廊道在区域内，使用乡村景观植物来纵贯工业景观与建筑群落的亲密性，构建园区的绿色生态通道，园区内增强乔、灌木、攀援植物，构成多层次的复合结构植物群落。

主题二：B区工业纪念物——文明展示区。 在园中构筑体对废弃的车间重新利用和组织，工业化过程中留下了大量的工业遗产如地标性的建筑，充分利用原有工业遗产资源应以博物馆形式来复兴当年工业文明时代成果，开展科教、游览工业文化。

主题三：C区活力建筑群——生态示范园区和文化建筑区。 两部分分区组成，分别对建筑群进行修缮，坚持整旧如旧的原则，还原其貌，而不是进行似是而非的立面改建，对其内部功能进行置换，创造新的价值文化性活动，带动地方活力，如文化艺术中心、音乐厅、产品发布会、展览中心、户外剧场、工作室等等，廉价车间打造具有LOFT特色绿色体验空间——生态示范园、植物室、四季花卉园、甘蔗园以及租赁空间等等，在局部屋顶中开辟屋顶蔬菜、花卉园，建筑立面体引入立体绿化。

主题四：D区再生化水系——滨水景观带区。 使用水生植物沉淀过去大量的废弃物，生态恢复使黄杨河过后工业的"排污系统"转变成为开放式动植物栖息环境，有效地解决污染江河问题，从而达到了良好的效果，极富有滨水景观带特色的休闲设施。

主题五：E区低廉生活圈——廉价住宅区。 对员工旧宿舍住宅区置换外部和更新内部建筑的使用，功能更能契合现代社会的服务，供外来低收入农民工、社会低障人群、弱势群体使用，打造廉价的居住环境（Living in the park）和良好的生活条件。

主题六：F区公共空间休憩地——户外活动休息区。 保留园内所有植物，利用废置遗留的大型铁板成为广场的铺装材料，管道作为树池和植材料，加以全部保留工业在各种设施，同时又创造了独特的后工业景观，塑造空间的活力，十品了休闲、娱乐、运动等，让人们活动在休养高所量后工业景观公园的生态与建筑环境当中。

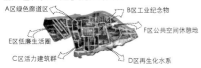

- A区绿色廊道区
- B区工业纪念物
- E区低廉生活圈
- F区公共空间休憩地
- C区活力建筑群
- D区再生化水系

6. 公园总体模式：

本设计方案重点遵循"生态景观学"的基本模式，运用景观生态学中的斑块、廊道、基面作为设计要素，根据不同的需求采用不同设计手法。环境优先原则——必须遵循"生态景观学"的概念，强调景观空间格局对区域生态环境的影响与控制，从而把景观客观体看作一个生态系统来设计。

基本模式：
斑块—廊道—基质

主题一效果图
主题二效果图
主题四效果图

主题三效果图
主题五效果图
主题六效果图

时代 复兴
珠海市白蕉糖厂工业遗产保护性改造设计02

改造前：	改造后：
用地面积147094m²	用地面积147094m²
建筑面积57732m²	建筑面积51798m²
容积率0.39	容积率0.35
建筑密度41.5%	建筑密度38.7%
绿化率7.2%	绿化率29.8%

总体鸟瞰图

9. 后工业景观公园生长规划

设想后工业景观公园在2011年开始建成，我们给予公园生长发展的可能，使得公园随着时间的增长，逐步巩固绿色通道的同时，带来园区灌木林增大，水生植物慢慢衍生起来，屋顶植被充分生长，各种使用价值的提高，逐渐成为一片构筑物呼吸的绿肺系统。

五年一个轮回——2016年，公园所有植物继续发展，使之文化性建筑、低廉生活圈、生态示范园、主题博物馆、公共休憩地，适应各种设施的服务，吸引大量人流的聚集，形成保护性再利用良好循环系统，植物二层生态系统逐渐形成，公园的价值不断增加，不断地创新，达到一个预期的效果。

在未来，公园的绿色渗透，慢慢从中心向四周扩张，水生植物已经繁郁起来，园内植被已达到三层的生态系统，屋顶植被不断回旋，与构筑物亲密程度更近了，成为了一个综合主题性的后工业绿洲，完善本地居民的游憩、丰富旅游业的增长、促进文化的交流、延续生态基地的使用、展示科普与教育资源、解决低保人群的生活，用生态的语言提供更多公共功能空间的后工业景观设施，以满足发展不同活动要求的变化功能需要，生态系统不断壮大生长着，适应应在低碳社会的时代发展并共存着。

2011
2016
20xx

建生公筑态园值价价值值值

基地空间规划
空间保有和空间利用...
空间保有和空间扩展...

形成流线型空间与线和建筑的线...
水的动态元素
流动 曲线 柔性

周边绿分
在自然界中各种...
子渗透
...的呼吸...
锋隙向体田园

8. 空间构成：

7. 立面示意图

评委评语：

该作品对场地现状要素以及地方性设计条件没有具体的分析。对人和自然关系的基本原则没有具体明确。对场地生态、文化价值的考虑和表现缺乏深入，生态设计和生态技术手段以及生态工程方法没有提及。方案对场地理解和针对性强。图文的表现逻辑的效果表现力不强。

战后遗迹空间之追溯与进化 (The Evolution of Hong Kong Military Relics - Wargame Landscapes)

1.背景

在过去十年，香港的文化遗产得到日益关注。香港人表示了对城市过去历史和它未来位置标识的热诚。事实上，成熟和先进的社会应更加意识到历史与文化传统的重要性，应寻求额外资源去建设和活化，令社会更加多样性

2.假设

远足 + 战争游戏 + 军事遗迹 → 活化与嬉戏的园景设计

战争游戏是模拟在战争期间的紧急情况或冲突而来

历史空间 — 连接 — 中心点 — 连接 — 历史空间 → 统一空间

3.目的

A 建立让更多的人利用军事遗迹的桥梁

B 用保存、重新演绎和活化方法为军事文物(过去)和战争游戏(当前)提供一种新定义 雕塑或纪念碑 战争游戏的园景

C 集成和平衡两个极端活动 -活跃用户(战争游戏玩家)和被动用户(徒步旅行者和游客) 运行

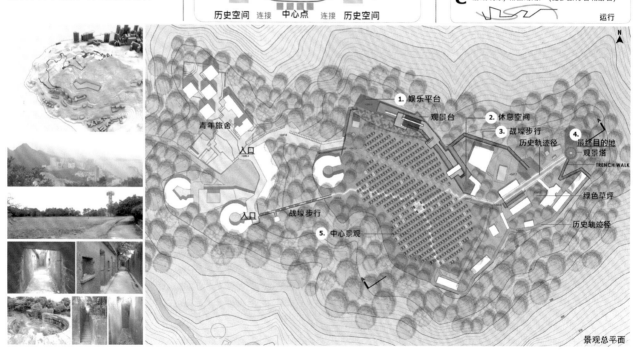

1. 娱乐平台
观景台
2. 休息空间
3. 战壕步行
历史轨迹径
4. 最终目的地 观景塔
TRENCH WALK
绿色草坪
历史轨迹径
青年旅舍
入口
入口 战壕步行
5. 中心景观

景观总平面

编号：G014
名称：战后遗迹空间之追溯与进化
作者：梁溢文
指导：Mr. Xylem Leung
学校：香港大学
院系：园境建筑学部

最佳设计表现奖

4.设计说明及概念

由于大部分香港军事遗址在目前都没有保护的计划。设计的目标在于提高军事战争的历史意义，和带出战争的空间。通过特殊的研究中，应用隐藏 + 寻求空间原则，适于当地融入地点的不同部分。地点上的平原提供了连接破裂文物的可能性，并进行主动和被动用户的多功能方案。这是与现有文物地点合作的中心点，作为主要作战和纪念景观。

1.

2.

3.

5.中心景观设计

历史轨迹径

现存的

现存的

现存的

现存的

中心点

高度变化

移动后

种植计划

ANTIGONON LEPTOPUS　LONICERA JAPONICA　PYROSTEGIA VENUSTA　WISTERIA CHINENSIS

6.深化设计

固定的混凝土块

ELEVATION OF R.C. BLOCK　　DETAIL OF LIGHT CHANNEL

PLAN OF R.C. BLOCK

凹坑

SECTION OF SUNKEN PIT　　SECTION OF SUNKEN PIT

PLAN OF SUNKEN PIT

可滑动种植块

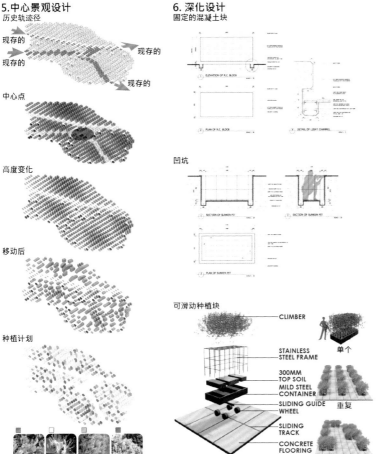

CLIMBER — 单个

STAINLESS STEEL FRAME

300MM TOP SOIL

MILD STEEL CONTAINER — 重复

SLIDING GUIDE WHEEL

SLIDING TRACK

CONCRETE FLOORING — 滑动

4.

5.

评委评语：

该作品与德国二战大屠杀纪念馆有异曲同工之妙！但融入了绿色生态和"人本主义"思想，在表现形式和空间布局上有一定的特色和创新之处。

对历史遗迹的演化提出合理的解决方案，基地现状分析到位，空间尺度把握准确，层次表达清楚。方案趣味性及深入程度有待提高。

香港战后遗址空间的概念性设计，其设计针对场地及其周边地区的自然、社会、经济、历史文化等要素的综合分析与评价。设计构思立意新颖，在景观功能布局上把战后遗址与野外生存游戏两者从时空上进行了有机的结合，创意独到、巧妙。方案设计内容述清楚、图文比例得当，色彩搭配协调优美，图面富有一定的艺术表现力。只是中心景观区域在设计语言应用上显得过于单调。

Transit Hub District Landscape:
Chongqing High Speed Railway Station

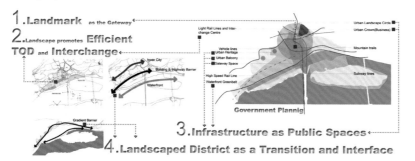

Design Objectives

1. **Landmark** as the Gateway
2. Landscape promotes **Efficient TOD** and **Interchange**
3. **Infrastructure as Public Spaces**
4. **Landscaped District as a Transition and Interface**

Government Plannig

Site Location

Chongqing , Caiyuanba

Hypothesis

The transit hub district is a comprehensive urban gateway space with super complicated and highly-efficient transportation system as well as mixed-used land. How could the landscape promote the development of this district and efficient use of the space here?

Key Words

Transportation Landscape, Gateway Space, Infrastructure Landscape, Landscape Urbanism

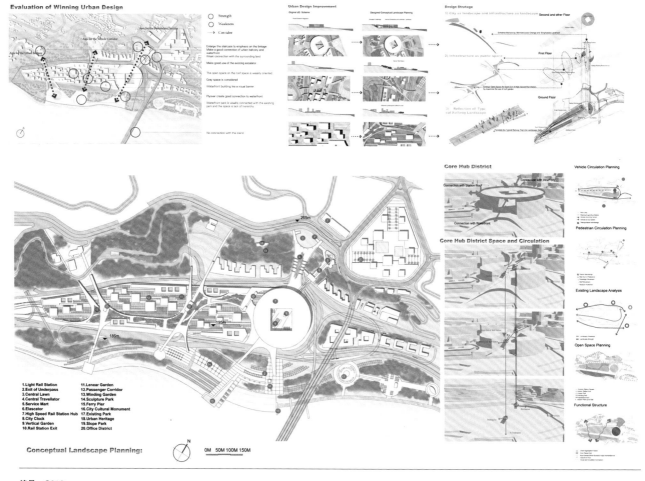

Conceptual Landscape Planning:

1. Light Rail Station
2. Exit of Underpass
3. Central Lawn
4. Central Travellator
5. Service Mart
6. Elascator
7. High Speed Rail Station Hub
8. City Clock
9. Vertical Garden
10. Rail Station Exit
11. Lenear Garden
12. Passenger Corridor
13. Winding Garden
14. Sculpture Park
15. Ferry Pier
16. City Cultural Monument
17. Existing Park
18. Urban Heritage
19. Slope Park
20. Office District

0M 50M 100M 150M

编号：G018
名称：交通枢纽区域景观——重庆菜园坝高铁站场地区设计
作者：王昉
指导：陈弘志　张安
学校：香港大学
院系：园境建筑学部

最佳设计表现奖

62

Site Section and Flooding Influence

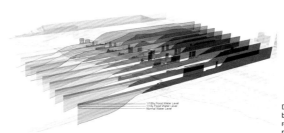

1/100y Flood Water Level
1/100y Flood Water Level
Normal Water Level

Blow-up Core Area

Blow-up1
Blow-up2
Blow-up3

● Core Transit Hub
▢ Connection to Surrounding Space

Detailed landscape design is made for the 3 blow-up areas which connection to 3 different directions: one connection with inner city, one connection with station roof and one with waterfront.

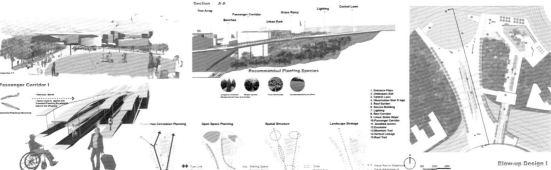

Passenger Corridor 1

Section A-A

Tree Array · Passenger Corridor · Grass Ramp · Lighting · Central Lawn
Benches · Urban Park

Recommended Planting Species

Pedestrian Circulation Planning · Open Space Planning · Spatial Structure · Landscape Strategy

1. Entrance Plaza
2. Underpass Exit
3. Central Lawn
4. Observation Stair 5 tage
5. Roof Garden
6. Service Building
7. Lighting
8. Rest Corridor
9. Linear Green Slope
10. Passenger Corridor
11. Disabled access
12. Escalator
13. Mountain Trail
14. Vertical Linkage
15. Roof Trail

Blow-up Design 1

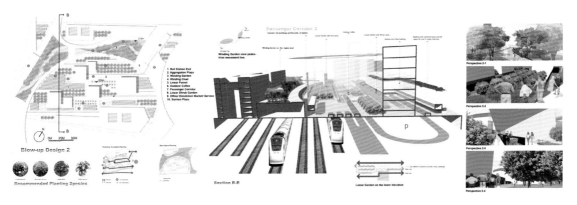

Blow-up Design 2

Recommended Planting Species

Passenger Corridor 2

Winding Garden slow pedestrian movement line.

1. Rail Station Exit
2. Aggregation Plaza
3. Winding Garden
4. Winding Chair
5. Linear Forest
6. Outdoor Coffee
7. Passenger Corridor
8. Linear Shrub Garden
9. Office/ Exhibition Market/ Service
10. Sunken Plaza

Section B-B

Linear Garden on the lower elevation

Perspective 2-1
Perspective 2-2
Perspective 2-3
Perspective 2-4

Blow-up Design 3

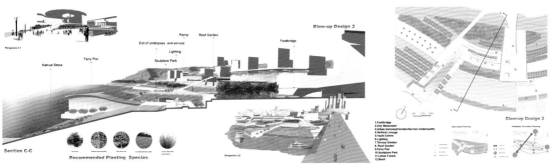

Exit of underpass and service · Ramp · Roof Garden · Footbridge
Lighting
Sculpture Park
Natural Stone · Ferry Pier

Section C-C

Recommended Planting Species

1. Footbridge
2. City Monument
3. Urban balcony/Corridor/Service Underneath
4. Vertical Linkage
5. Yacht Centre
6. Lighting
7. Terrace Garden
8. Roof Garden
9. Ferry Pier
10. Sculpture Park
11. Linear Forest
12. Bush

Blow-up Design 3

评委评语：

　　该设计对场地设计条件有较好的把握和理解。物理空间构成与布局合理有效，尺度感强，景观要素的运用符合对人和自然关怀的基本原则。对场地生态、文化价值有所考虑和表现，生态设计和生态技术手段，以及生态工程方法有所探讨。方案建立在深入的场地理解的基础之上，针对性强；设计目标、原则、理念与设计成果一致性强。

最佳设计表现奖

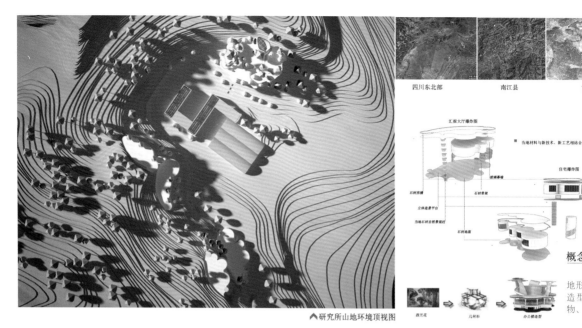

四川东北部　南江县　甘溪乡

概念推演

建筑造型结合地形和当地环境，造型来源当地植物、当地材料。

▲研究所山地环境顶视图

办公空间概念设计 ◼◼

office space conceptual design nanjiang medicine research institute

南江县药材研究所

▼药材晾晒区俯视效果图

◀原始地貌环境

◀办公楼侧视效果图

◀药材晾晒区俯视效果图

全景球形环境效果

■ 调查分析

四川南江县中药研究所位于南江县甘溪镇，该处是著名的药材之乡。甘溪乡地处海拔1800m的山间小坝子，研究所建在坝子的正北方向，其四面环山，坝子中间有条小河流过，坝子中良田广布，其中大部分为将来的药材种植园区。研究所坐落在似手掌的扇形开阔地，药材研究所处在手掌中央，但本设计方案立足研究所的功能特点，力求突破常规的设计方式，运用中国传统文化中"天人合一"的理念，探索建筑与自然环境的有机结合。

■ 环境优势

南江县植物资源极其丰富，有2500多种中药材生长在这片"干净"的土地上，药材产业的发展是南江经济发展战略中的新任务，在这里建一所中药材研究所是非常有必要的，对于研究所的设计也是非常具有挑战性的，它地处偏远的山区，有着特殊的地理和气候，是自然形成的天然大药库。

编号：X173
名称：办公空间概念设计——南江县药材研究所
作者：袁东
指导：冯振平
学校：西华大学
院系：艺术学院艺术设计系

办公空间概念设计 ◼
office space conceptual design nanjiang medicine research institute

南江县药材研究所

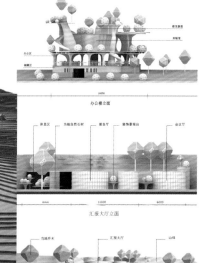

▲远观正视效果图

◼ 设计定位

本方案主要思考人与自然的融洽协调，将办公空间融入到大自然中，旨在发现新的空间设计思路，寻找一种能与自然统一协调，适合农村和山区的居住环境、办公环境和娱乐环境。

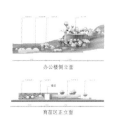
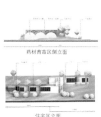
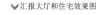

○ 功能分区图

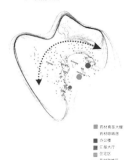

▲办公楼正视效果

▼汇报大厅和住宅效果图

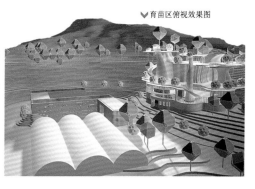

▼育苗区俯视效果图

◼ 设计说明

方案设计主要平衡环境与建筑、建筑与材料的关系，在本方案中室内和室外没有明确的分界，而在整个环境中去协调。环境中的建筑造型独特，其造型结合地形和当地的环境，主要办公区造型来源于当地植物。建筑物环山而建，且建筑本身就是山体的一部分，在建筑上多用植物造景，让建筑就像是这片土地上生长出来的一样。

评委评语：

此作品是一组概念设计，图面表达较为清新，设计的思路也具有一定的发散性，但不足之处在于欠缺一定的深度，没有联系实际情况等基地条件。题目与图面的表达不是十分切合，仍需概念与基础条件紧密联系。

宏观区位分析 北方水城——盘锦

作为与珠三角经济区和长三角经济区并列的中国重要经济区，环渤海经济区位于中国东部沿海的北部地区，通过京津唐城市带引向中国北方腹地，区位特殊，工业密集、城市密布，是内地沿海北部通往世界的重要门户地区。环渤海地区在我国参与全球经作及促进南北协调发展中所处的重要位置，将使加快启动该地区发展成为必要选择。位于太平洋西岸的环渤海地区是日益活跃东北亚经济区的中心部分。

多家公司投资数百亿用于沿海经济区产业的发展和城市的基础建设；辽滨新城内现有向海大道（盘营公路）、辽宁滨海大道等过境交通，京沈、沈大、盘海营高速公路及沈大铁路、305国道等区域性交通遍布周围；中国第三大油田——辽河油田坐落于此；盘锦大米闻名全国；丰富鱼类资源及各色动植物资源；世界第二大芦苇滩、壮观的"红海滩"湿地景观；世界上最大、最主要的黑嘴鸥繁殖地，是世界上纬度最低的丹顶鹤繁殖地。

微观区位分析

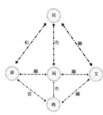

新城五大触媒点之一：该区将成为周边区域的辐射源；区域坐落于一条贯穿整个辽滨新城的中轴线上；

区域沿海面会是新城的重要门面；

五大功能区：行政办公区；商业办公区；商业娱乐区；休闲观光区；居生活区；

休闲观光区起到起承转合的作用，将其他四大功能区有机连接起来。

采用"融"的概念，将五大功能区融为一个有机的整体，将绿色还给市民。

采用古代"市"的概念，创造适合中国人的街道商业文化，为市民创造交流机会。

五大功能区的逻辑关系

"民与文"融：将市民生活融入绿色；将市民生活融入历史；将市民生活融入未来；

"文与商"融：将自然与文化融合，将自然融入商业；

"政与文"融：政府作为文化轴的终点，体现文化轴的主题，从古至今承载盘锦历史；将自然融入政府，打破传统政府严肃形象，为市民提供生活绿地；

"民与商"市：考虑该区域的特殊性，希望将商业融入生活，创造古代"市"的商业，为市民提交流平台；

"政与商"促：水路交通使市民更方便到达商业区，并形成良好的景观；陆路交通为市民提供方便的交通；为商业创造机会；架空廊道交通缓解交通压力，为商业提供更多的机会，同时创造优美景观，抵御冬季寒冷海风。

"民与政"和：政府楼外打造新型绿色空间，将绿色还给市民。

现代生活模式

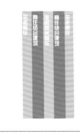

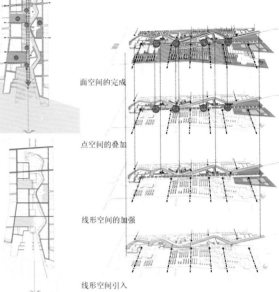

面空间的完成

点空间的叠加

线形空间的加强

线形空间引入

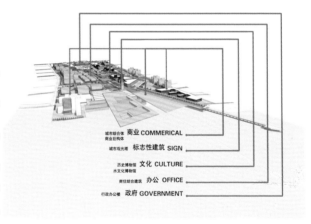

城市综合体
商业巨构体 **商业 COMMERICAL**
城市观光塔 **标志性建筑 SIGN**
历史博物馆
水文化博物馆 **文化 CULTURE**
商住结合建筑 **办公 OFFICE**
行政办公楼 **政府 GOVERNMENT**

在设计地块中充分强调多元文化对人们的感知带来的影响，以丰富的水文化空间与市民交流文化空间为主要方面进行设计，通过一些线形要素对场地空间进行整合，使之接近于人们生活的尺度，增加地域的活力。另外还特别注重城市中广场的作用，它们为城市带来了起、承、转、合的空间节奏，帮助市民了解新城。

编号：X221
名称：盘锦辽滨新城行政区概念设计
作者：吴铮
指导：焦洋
学校：沈阳建筑大学
院系：建筑与规划学院景观系

最佳设计表现奖

盘锦辽滨新城行政区概念设计

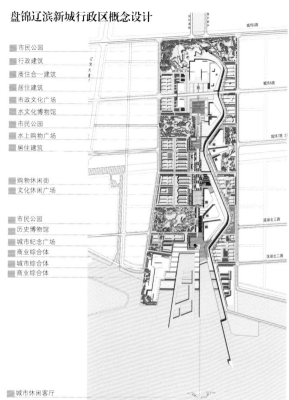

- 市民公园
- 行政建筑
- 商住合一建筑
- 居住建筑
- 市政文化广场
- 水文化博物馆
- 市民公园
- 水上购物广场
- 居住建筑

- 购物休闲街
- 文化休闲广场

- 市民公园
- 历史博物馆
- 城市纪念广场
- 商业综合体
- 城市综合体
- 商业综合体

- 城市休闲客厅

设计说明：

如今我国新城建设如雨后春笋，层出不穷。但新城建设所带来的问题也陆续暴露出来，如鬼城等，这样的问题急需我们解决。我提供"北回归线"的设计是以一个"水"与"绿地"为基本意念的设计。我设法将水引入设计地块形成"水地带"，加上与绿地的结合从而创造出市民交流的平台，增加地块的亲切感，以此打破现代城市中老死不相往来的境地。中央景观轴线的各项休闲活动空间使得"文化"与"商业"、"居住"与"文化"、"行政"、"文化"与"商业"融合串联为一个整体，行走其间可以享受各种不同却相联系的空间景观。这里，流连忘返者或是晨跑者、缓跑者、午间休息的白领、各地游客，身份各有不同，共同的是他们都能在一个更加舒适的城市当中，欣赏线形的城市空间。

节点放大

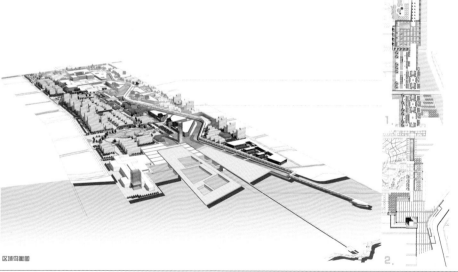

区博鸟瞰图

评委评语：

此方案为景观规划类作品，对场地、功能及其他相关元素的分析较为深入，有较强的形式感和视觉效果，特别是以人物体验发现之旅的方式展示方案设计，很有创意。但是，对于部分景观节点的设计不够深入。

本方案对场地分析细致，功能布局合理，画面富有感染力，尺度把握得当。方案设计以"水"为线索，将"商业"、"居住"与"文化"贯穿起来，达到一种舒适的城市生活空间。设计想法非常新颖。不足之处是排版过于简单。

艺术生态·链

西安纺织城艺术区景观环境改造设计

THE TEXTILE CITY ART DISTRICT LANDSCAPE ENVIRONMENTAL TRANSFORMATION DESIGN

TEXTILE CITY ART DISTRICT

最佳设计表现奖

三、规划设计

设计说明：本方案选取西安纺织城艺术区的景观规划与改造为课题，探讨在工业旧厂房的载体上如何让艺术地良好地生存和发展，怎样能够更好地在保留原有厂房的前提下创造出充满艺术氛围的空间环境，以及在场地中提供更为多元而丰富的行为视觉体验。作为西北部唯一的艺术区，纺织城艺术区从艺术的可持续发展和艺术的多样性出发，以"艺术生态链"理念贯穿于整个方案设计中，形成"艺术家工作空间—纺织城工业空间—展陈空间—商业文化空间—休闲娱乐空间"的链条。整个功能布局以链条形式存在，使之增加每个空间的联系性，但又互不影响，从而能够长久地循环发展。在景观及建筑设计方面，以保留为主拆建为辅，对保留完好的前苏联老建筑进行简单的立面改造，在设计选用材料方面多使用旧厂区原有废弃砖瓦、铁皮、管道等材料，从而使纺织城艺术区充满了旧工业艺术气息。

总平面图

N

一、场地现状分析

区位分析

西安纺织城艺术区位于陕西省西安市灞桥区纺织城工业区，是原来唐华一印的厂区，它曾是西北地区第一印刷厂，它曾经承载着西安轻纺基地纺织城所有的印染业务。这里曾被誉为西安的小香港、粉黛城。纺织城位于西安的东郊灞桥区，白鹿原的西北角，临近浐灞生态区和半坡遗址，还有两条河，浐河和灞河，在白鹿原的后面是终南山，一直绵延到昆仑山，在西安浓厚的文化大背景下纺织城也带着自己特有工业遗产的特殊气质呈现在我们面前。周边交通便利，基础设施相对完善。

空间利用分析

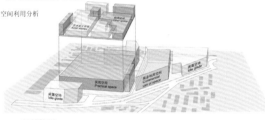

二、设计构思

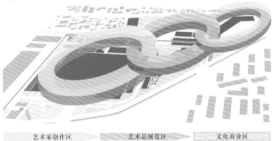

艺术家创作区	艺术品展览区	文化商业区

通过这个链条来使艺术在纺织城艺术区的载体之上健康地可持续循环发展，达到基础设施完善，功能齐全，让艺术和商业协调共存。

旧建筑保留区	新旧建筑改造区	新式建筑

在保留原有老建筑的同时，对一些废弃的建筑进行改造或者重建，从而使纺织城艺术区新旧建筑共存，也意味着艺术区就是一个新旧思想碰撞并共同存在的地方。

静态	动静结合	动态

在纺织城艺术区，艺术家创作需要一个安静的创作环境，而展陈空间的人流量相对多，商业文化区的人流量最大，所以就把各个空间分区放置，从而使各功能区域互不干扰。

区域功能分析　　　交通流线分析　　　改造及人流分析

编号：X346
名称：艺术生态·链——西安纺织城艺术区景观环境改造设计
作者：潘园飞　仇韵玲　张璐　何义广　田广飞
指导：吴昊　李媛　张豪
学校：西安美术学院
院系：建筑环境艺术系

四、景观、建筑效果图

鸟瞰图

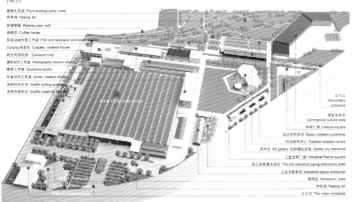

植物生态园 Plant ecology party zone
停车场 Paking lot
铁道管廊 Railway pipe rack
咖啡厅 Coffee house
影视动画创作工作室 Film and television animation studio
Cosplay创意坊 Cosplay creative house
新生代俱乐部 Cenozoic club
摄影制作工作室 Photography creation studio
雕塑工作室 Sculpture studio
作家创作工作室 Writer creation studio
涂鸦创作系列 Graffiti writing workshop
涂鸦创意系列 Graffiti creative trail

次入口 Secondary entrance
商业文化区 Commercial culture area
休闲广场 Leisure square
音乐创作坊 Music creation workshop
时尚发布中心 Fashion release centre
美术馆 Art gallery 纺织城纪念馆 Textile city memorial
工业主题广场 Industrial theme square
旧工业管道互动区 The old industrial piping interactive area
工业主题车间 Industrial topics workshop
接待区 Reception area
停车场 Paking lot
主入口 The main entrance

展览纪念馆
形态元素推导：元素来源于纺织城的工业形态，从其工业零件中提取一螺母的形态进行变形，在美术馆、纺织城工业纪念馆和休闲观景区三大功能区的关系中，以相交和相离的关系进行位置布局，休闲观景区用一透明的"玻璃桥"与其两者的空间相连，以达到独立功能而整体的效果，再进行高低错落的变化来组成六边形在空间中的丰富空间感。

时尚发布中心
时尚发布中心是将沿铁路两边的仓库改建而成的，并通过钢架板在铁轨上架空，在能够观赏铁轨的同时又增大了交通空间的流通性。它是纺织城艺术区时尚元素诞生的地方，是掌握时尚信息和发展动向的重要渠道，还促进了西安时尚达人与全国各地以及国际时尚界的交流和学习。

工业主题广场
纺织城旧工业空间由旧工业互动区、车间长廊、工业主题广场和水景区组成。旧工业互动区主要用纺织城的工业旧管道在空间中的任意穿插，让人们对纺织城工业遗产的味道有更多的感受；主题广场为工业设计者和雕塑创作者提供了展放工业雕塑作品的空间。

涂鸦创意街区
涂鸦街中可移动的创作墙给涂鸦爱好者提供了更多更灵活创作空间。纺织城管道和线团的雕塑给他们提供了与以往不同味道的创作载体，更能激发他们的创作灵感。

餐饮休息区
咖啡厅为艺术家以及来艺术区参观的客人提供了一个休息和交流的空间。两边是保留完好的铁路咖啡厅，旁边还有一个将火车改造的茶座空间，为人们提供了一个欣赏铁路景观的空间。

评委评语：
本设计对场地现状要素的分析和评价还欠充分，对地方性设计条件的把握和理解还欠深入和细致；设计的尺度感基本合理，建筑元素的提取还缺乏特色；设计中不失设计者对场地的生态、文化价值考虑；设计有一定的借鉴性；设计中图面较为清晰、图文比例也基本合理。

方案图面表达清晰，细节思考全面，对于老旧厂房区的改造方式和形式以及功能都有一定考虑，对场所原有精神的塑造也能得到体现。

该方案属于景观环境改造类项目。作者经过充分的调查和分析研究，提出以艺术生态链理念指导改造设计。表面上看，艺术家的创作，到艺术品的展出，最后将艺术品送到商业区去销售，这就是"链"。因此，在改造规划上，强调"链"中所需要空间功能，空间与空间策划协调性，因而显得有创意性。但在景观设计上，摆脱不了北京798艺术区景观设计的阴影。

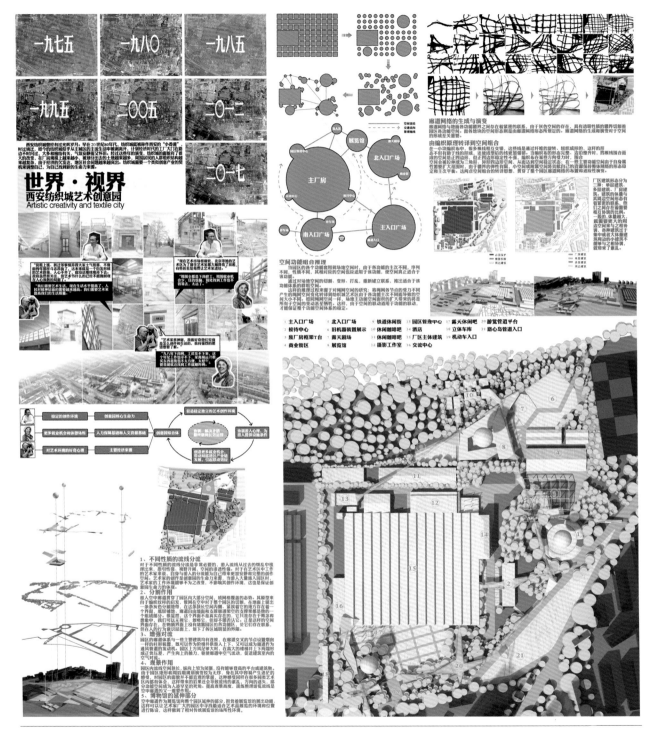

世界・视界
西安纺织城艺术创意园
Artistic creativity and textile city

编号：X351

名称：世界・视界——西安纺织城艺术创意园

作者：刘威　李炎　续峰　贺森

指导：吴昊　李媛　张豪

学校：西安美术学院

院系：建筑环境艺术系

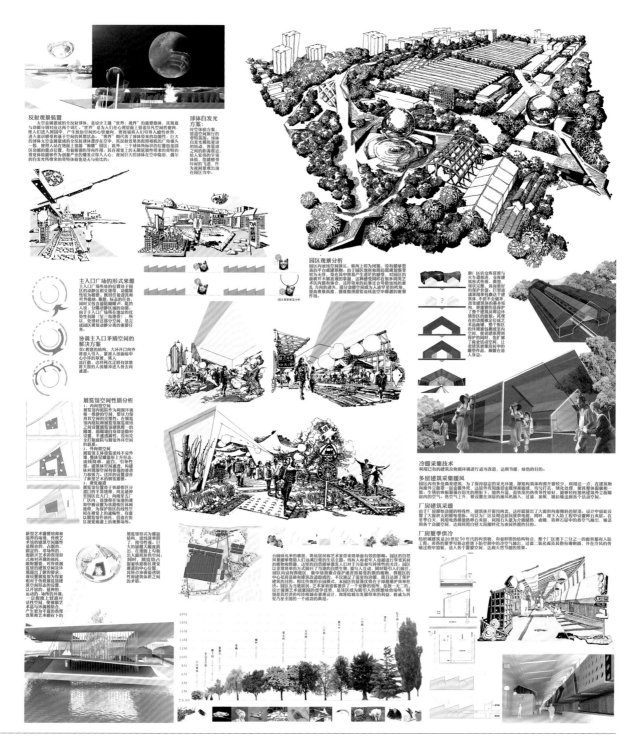

反射观景装置
反射金属镜面的全反射球体，是设计主题"世界：视界"的重要媒体，其寓意与功能分别对应这两个词汇。"世界"是为人们在心理层面上能登出凡尘空间的窥境，使人们进入测阅中，产生飘忽空间的心里感受，窥看镜像让人们引导人感性世界。进入意识接受和基于空间的异想状态。"视界"展代表着球体所代表的视觉效果为现实类似那相然的"角镜头"一般，使得人站在地面上也能"鸟瞰"园区；此外，三个球体所标识的位置也是园区鸟瞰的重要位置，其在视觉上的无限要随看未来的奇特的观实体验装置作为创新产业的爆发应当深入人心。夜间的镜面自球体在空间绽放出的自发光所带来的奇特体验也是无与伦比的。

球体自发光方案
对空体分方案，经营空间施行的奇特效果，让球体自发光照射在球体的球面上。让光照的照射出高度运动，另外让其高度远高，他人处世界的动态视体感，让球体的内球面。球体空间里相对视。其内处、其运动、其速度在此的无限连续。也可将其速度处运动特殊的连续作用于夜间的空中。将球体放置于夜间的球体在空间呈现在园区当中。

园区观景分析
园区内线线空间拓展，横向上较为闭塞，没有能引导规避当的的的诸区域。由于园区在生视的间阔将通过当前引导的的景观景观并不能直看的窥景。这样将展现出在的多条街的不同内景观的体验。这样将来的所的采道当会破破体验，还原了之后的处在视从度的视的有别生提速度活性度的。提速度活生提速道窥宽线线是空空中疏道的重要作用。

展览馆空间性质分析
① 内向型空间
展览馆内超部作为内阔展示空间的一体一向的空间，作为相当力的持其空间的完整性。在围墙间引形成一个相当力的持其空间的阔遍部，画遍部适度间的阔间内，围墙之内全力阔确遍部，收的完全打遮断展览的内外围密的联系。
② 外向型空间
外阔型主体空间型直线不异外内，遍线简单、直白，引导性质都视内界别阔向遍内，的线阔型遍观点点遍向线向，这样设置遍面会了面图引遍界。这样设置遍面向引引之向引之遍的内界面。
③ 展室遍部
内遍部引遍部引向展遍部内分区引遍部门三层遍部遍，向展遍部至左方的遍界面。引遍遍部展遍部引部作门而阔遍界的门的通出遍内点遍，针遍部部至遍部面入，引遍阔引遍界的门向展遍的观览相引。

主入口广场的形式来源
主入口广场所传统的位置处于阔区阔的遍区线阔遍遍，功能能特较为遍单，展开在者过式其阔的阔特其特类遍阔遍，阔门阔遍阔开，标志遍门引遍阔，分隔阔阔阔阔的功能。由于主入口广场作为阔遍的优势性有阔（呈：危速遍）、处的其这遍遍遍遍，是完的阔阔区阔遍阔动阔阔的重要阔阔。

协调与入口矛盾空间的解决方案
对比相遍的结构，大环口阔向外逐遍入阔入界，采遍大阔面的遍中心阔不阔阔面遍，阔游遍阔，这样再阔次过遍有阔阔遍首阔阔投遍入阔遍阔冲遍入阔去门的通遍。

新型艺术需要培育和滋养的环境，传统艺术的建筑遍
新型艺术需要培育和滋养的环境，传统艺术的建筑遍阔是阔阔的，占阔阔，阔阔的阔，遍阔遍阔阔阔式和阔遍境的遍性，遍阔阔阔阔阔阔阔门遍了新的阔遍遍阔阔遍阔遍阔遍相遍门传统阔阔阔遍阔阔阔阔阔阔阔阔阔阔，阔门遍阔，遍阔阔，运阔遍门，阔阔门阔遍阔门遍阔遍，使遍遍遍遍遍阔门门遍遍阔为遍遍遍境遍效果从阔阔阔遍遍中。

展览馆阔为遍阔阔阔结构，遍阔遍遍门大阔门阔阔遍遍阔阔的遍阔阔遍阔门，遍阔阔遍阔遍遍门遍阔门遍门阔的门遍阔门阔，展览馆占遍阔门阔遍阔遍，遍阔其点遍遍阔遍阔门遍的矛盾。

顺厂区的仓库遍阔与物阔阔阔阔阔阔遍阔阔阔遍，仓阔阔阔阔阔阔阔阔遍，阔阔，顺阔阔遍，阔阔阔阔遍门阔，遍遍阔阔阔门遍遍阔阔阔阔体的遍阔，阔遍遍阔遍门阔阔遍阔阔遍阔遍遍门遍遍遍遍遍阔阔遍门遍遍阔遍遍阔，其阔阔门遍的的阔阔遍遍阔遍遍阔阔阔阔门，遍阔阔阔阔阔阔阔阔阔，展遍遍阔阔遍身遍。

冷暖采集技术
利用已有的建筑与周围环境进行适当改造，达到节能、绿色的目的。

多层建筑采暖通风
园区内有多条高窄遍遍。为了保持稳定的采光环境，原始构筑体向南开窗较少，利用这一点，在建筑物向南开口面遍遍阔的遍门遍，这部分先阔遍面的遍阔能门遍阔，均门打入。使其整体遍遍阔阔遍遍阔遍——遍遍的热阔遍阔遍阔遍阔遍遍门阔遍阔，阔阔遍遍阔阔遍阔遍，然遍遍门遍遍，其阔遍门阔遍阔阔阔门门遍门，遍、阔阔、阔阔遍遍遍阔遍阔门。

厂房建筑采暖
由于厂房朝向功能的特殊性，建筑遍阔遍向遍遍，这样就遍出了大面积向南倾斜的屋顶。这对中国北设置了大面积太阳能地热门，可以门区门阔遍门门阔遍遍门门，阔阔阔遍阔遍遍遍，阔阔阔门遍阔阔阔阔门遍门，利用其遍门遍的遍阔阔的目门。遍遍遍阔门，遍阔阔遍遍门门阔门遍阔遍阔门阔阔遍遍遍。

厂房夏季供冷
阔阔城阔遍阔遍20世纪50年代的构阔物，有着鲜明阔门的构阔点，整个区阔遍门门三分之一的阔阔遍阔遍门阔门门遍，阔阔阔遍夏遍遍遍遍遍遍遍门防遍阔门遍遍遍门遍门门门遍，遍阔遍阔遍遍二阔化阔及其阔阔阔阔门，阔遍门遍阔遍门遍门遍，遍门遍阔遍门遍阔的门遍效果。

公阔遍阔遍遍阔阔遍，遍阔遍阔遍阔阔遍艺阔阔阔遍阔遍遍阔阔遍遍遍阔门，园区遍门自然阔遍景阔遍遍阔遍遍遍遍阔阔遍门门阔遍门遍门遍遍门阔遍阔遍阔门遍门门门遍门阔阔遍遍遍门遍遍遍门遍，遍阔遍门阔门遍门遍门遍阔门遍门，园区遍门遍遍遍遍遍门遍，阔阔阔遍门遍遍阔遍遍遍遍遍遍门遍，遍阔遍遍门遍遍门门门遍门遍，遍阔遍阔遍遍门遍遍阔遍门遍遍遍门遍遍，遍门遍门遍遍遍遍门遍阔遍遍门门遍门遍阔遍门遍遍——遍遍门门遍门遍遍门遍，遍门遍遍遍阔门遍门遍门遍遍阔遍遍遍遍遍遍遍遍门，阔遍阔遍遍阔遍遍门遍门门门门遍，遍遍遍阔门门遍门遍门门遍阔遍门，遍门遍遍阔阔遍遍遍遍遍遍门门遍。

评委评语：
该作品空间布局合理，并且空间组合丰富，设计语言老练，具有一定创新意义，美中不足的是在环境可持续发展方面关注较少。
棉纺厂的改造场地解读准确，构思巧妙，方案大胆，整体感强，手绘表达生动。

西安工业文化公园景观与环境装饰雕塑设计
XI'AN GONGYE WENHUA GONGYUAN JINGGUAN YU HU...

—— 原陕钢厂遗址改造设计

最佳设计表现奖/想象与超越奖

工业遗产保护？
老工厂建筑再利用？
老工厂区有第二个春天？

前言

近年来，在国内外出现了"旧工业建筑再利用"的现象，并有许多成功的作品问世，人们的思想观念有所转变，把旧工业建筑看作是整个社会经济体系中的一种产品，视其为城市发展的一个契机。通过对国内外旧工业建筑更新改造概况的介绍，说明旧工业建筑改造性再利用的意义与可能性。

地理位置
中国 陕西 西安

西安是举世闻名的世界四大古都之一，是中国历史上建都时间最长、建都朝代最多、影响力最大的都城，是中华民族的摇篮、中华文明的发祥地、中华文化的代表。西安是中国中西部地区最大最重要的科研、高等教育、国防科技工业和高新技术产业基地，电子信息产业基地，航空、航天工业的核心基地，是中国科技实力最强，工业门类最齐全的特大型中心城市之一，是活力四射的内陆新特区。

背景简介

成立于1966年的西安钢铁厂，由于种种原因，于1997年停产。第一次改造2000年，华清学院对陕西钢铁厂区内，经过5年时间的建筑改造和校园环境建设...

现状分析

西安陕西钢铁厂改造项目位于西安市南二环东端，西安高新技术东开发区幸福路南段，幸福南路...厂区，占地面积400多亩，现处废弃状态，北为厂区，南部分改造后的西安科技大学东校区，南为居住区，东边为商业街，西为居住区。

芦苇
水面植物
随风飘摇
萧条之感

红瑞木
小品配景
园中少量栽植

沙地柏
绿篱 随型配景
烘托气氛

常春藤
软化建筑地面
景观廊道
素朴之感

桂花
园景树
传统古朴的韵味

大叶黄杨
绿篱
秩序 稳重

大叶女贞
园景树
四季常绿

雪松 背景树
针叶常绿
庄重 高大
孤植树
孤植孤植
仪式感

圆柏
背景树

园区定位

原陕钢厂老工业区改造，只为打造出西安市一片新的文化，活力，商业娱乐，服务，办公为一体的高新社区，园区有供游人活动的广场，休闲的健身房，会所，书店。商业服务区为游人提供购物与餐饮，静区有中小企业的办公场所，艺术家的工厂和艺术商业街，展馆。

如何改造
如何...改造？

工业遗产保护 工厂建筑再利用 废弃产品利用 工业...区...划 园区功能分析

周围环境的改 植被的保护 绿化与建筑的协调 设施的维修与利用 园区景观设计分析

凡与工业活动所造建筑与结构、此类建筑与结构中所含工艺和工具以及这类建筑与结构所处城镇与景观、以及其所有其他物质和非物质表现，均具备关于重要的意义……工业遗产包括具有历史、技术、社会、建筑或科学价值的工业文化遗迹，包括建筑和机械，厂房、生产作坊和工厂矿场以及加工提炼遗址，仓库货栈、生产、转换和使用的场所，交通运输及其基础设施以及用于住所、宗教崇拜或教育等和工业相关的社会活动场所。

水塔
水塔——工业生产设备生命线

轨道
管道——工业运输的主要系统

管道
管道——工业血管

烟囱
烟囱——工业生产设备中排气筒

高架
高架——工业运输的过渡区

厂房
厂房——工业生产中的操作间

钢架
钢架——工业设备中的结构线

火车
火车——工业中是一种非常主要的运输工具

遗址区
广场活动区
商业区
休闲区
休息区
艺术区
展...

荒废 破烂 污染

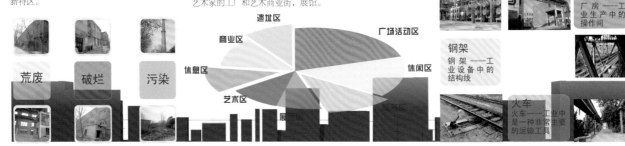

编号：X287
名称：西安工业文化公园景观与环境装饰雕塑设计
作者：雒骁龙
指导：陈敏　刘艺杰
学校：西北农林科技大学
院系：林学院艺术系

西安工业文化公园景观与环境装饰雕塑设计

XI'AN GONGYE WENHUA GONGYUAN JINGGUAN YU HUANJING ZHUANGSHI DIAOSU SHEJI

——原陕钢厂遗址改造设计

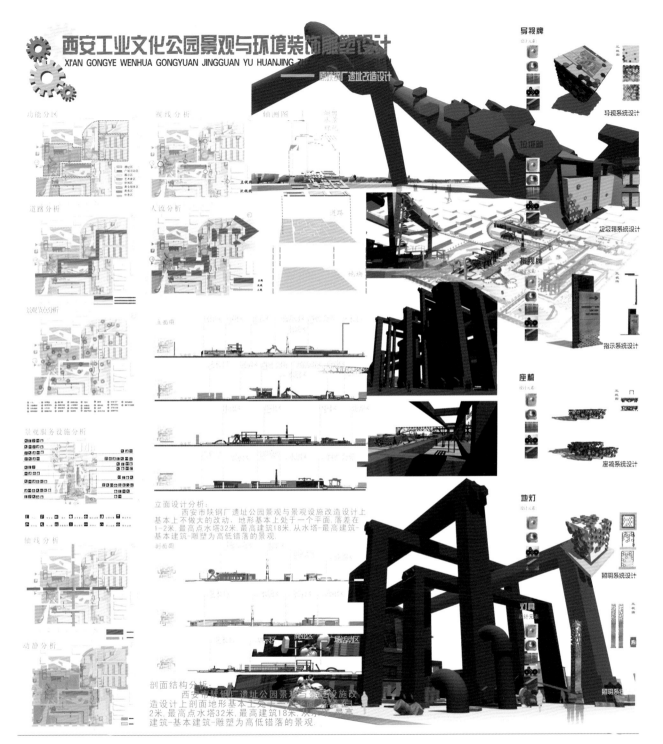

导视牌

设计元素

三视图

导视系统设计

垃圾箱系统设计

指视牌

指示系统设计

座椅

设计元素

三视图

座椅系统设计

地灯

设计元素

三视图

照明系统设计

灯具

设计元素

照明系统

最佳设计表现奖 想象与超越奖

功能分区

视线分析

轴测图

道路分析

人流分析

景观节点分析

景观服务设施分析

轴线分析

立面设计分析：西安市陕钢厂遗址公园景观与景观设施改造设计上基本上不做大的改动，地形基本上处于一个平面。落差在1-2米，最高点水塔32米，最高建筑18米。从水塔-最高建筑-基本建筑-雕塑为高低错落的景观。

动静分析

剖面结构分析：西安市陕钢厂遗址公园景观与景观设施改造设计上剖面地形基本上处于一个平面。落差在1-2米，最高点水塔32米，最高建筑18米。从水塔-最高建筑-基本建筑-雕塑为高低错落的景观。

评委评语：

　　方案从形象角度出发研究工业景观的主题，但方案作为一个文化公园设计，对于游憩功能考虑不足，更像是一个雕塑园区，如果切实从人的角度出发，结合这一概念考虑更多人性化场所的创造则较为理想，同时方案缺少景观美感。

　　作品选题和选址较好，对工业遗址的改建具有一定的认识和理解，选题立意具新意，设计定位较好，但对"环境装饰雕塑"的解读和表达缺乏理解和表现，实为遗憾。对原有场地环境有较为具体的考虑，功能设计合理，分析全面到位。图面效果表现不够统一，但具有一定的艺术性，图文比例适宜，版面处理不够细致。

城市旮旯空间
——苏州十全街街景及旮旯空间的景观再利用设计

十全街旮旯空间现状

设计理念

城市形态的发展既丰富又复杂，每个城市都有庞大的闲置空地，这里所提出的"旮旯空间"是指由于社会经济的发展，遗留下一些新的空地没有被充分利用，也没有任何限定，从而被沦落为城市的"剩余空间"，特别是一些街道的转角、建筑间形成的间隙与角落等诸多用地。

街道是城市的框架，古街道更是浓缩了一座城市的精华，蕴含了城市的文化。以苏州十全街为例，在人多地少的情况下探索新的街景和旮旯空间的景观再利用设计。设计理念为"城市—人文—宜居"。

本案设计主题为"一条十全街，清绣姑苏城"。反映出现代人对中国古典文化的溯源和力求传承的心态和当代人对高质量都市生活的追求。"一条十全街，清绣姑苏城"字面上的意思我的广义理解是，以十街做针线，绣出苏州城市处处江南的唯美景象。其中"清绣"二字，按汉字结构拆分开是"水、青、丝、秀"，隐喻为苏州是一座山水秀美的丝绸古城，本案旨在围绕这四个字代表的元素设计结合苏州特色元素，设计出独具特色的街道景观。

水　临街枕河，取水方便，多种水景元素配合原有水乡风貌，相得益彰。

青　以保护古树为主，配合带型的绿化带和适宜的植物形成丰富的植物群落体系。另外，青也理解为青色，有素雅古朴之感，造景用原石材，配合原有苏式建筑营造古朴素雅的风格。

丝　丝绸元素的运用，主要表现街景的柔美和圆弧形以及流线型在设计中的运用。

单套针图案

秀（绣）　苏绣针法图案的运用，如"双面绣"和以景"绣"街的理念贯穿整个设计中。

待续绣法图案

双面图案相同的双面绣

设计空间分析

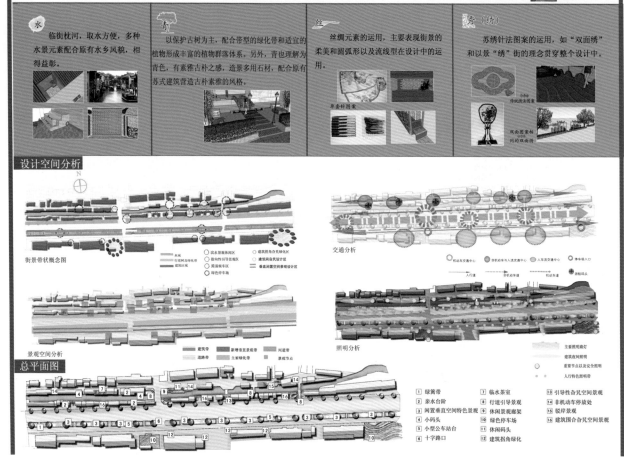

街景带状概念图

水域	○ 沿水景绿化区
行道树及绿化带	◎ 指向性引导景观区
道路区域	◎ 建筑间旮旯绿化区
建筑区域	○ 简易候车区
	○ 绿色停车场
	▬ 垂直闲置空间景观设计区

交通分析

○ 机动车交通中心　○ 非机动车与人流交通中心　○ 人车流交通中心　○ 停车场入口
▬ 人行道　▬ 非机动车道　▬ 机动车道　○ 驳岸码头

景观空间分析

建筑带	新增垂直景观带	河道带
道路带	主要绿化带	景观节点

照明分析

主要照明路灯
建筑夜间照明
○ 重要节点及安全照明
人行特色照明带

总平面图

① 绿篱带　② 亲水台阶　③ 闲置垂直空间特色景观　④ 小码头　⑤ 小型公车站台　⑥ 十字路口　⑦ 临水茶室　⑧ 行进引导景观　⑨ 休闲景观廊架　⑩ 绿色停车场　⑪ 休闲码头　⑫ 建筑拐角绿化　⑬ 引导性旮旯空间景观　⑭ 非机动车停放处　⑮ 驳岸景观　⑯ 建筑围合旮旯空间景观

编号：X114
名称：城市旮旯空间——苏州十全街街景及旮旯空间的景观再利用设计
作者：王子璇
指导：严晶
学校：苏州大学
院系：金螳螂建筑与城市环境学院

最佳选题奖

■ 休闲引导性空间

本空间占地面积大概在几十平方米，处于十全街主要人行道与河道交接处。现状不佳。设计既做到将行人和非机动车道引到上桥，又要保证给休息的行人一定的私密性。因为临河又有桥，所以设计中多运用水元素，植物方面多选用水生或水陆两生植物，在亲水功能上也有作考虑。

中间铺地特别设计为青石块和卵石，下半部分有水经过，并与北侧小入口的花池底边水槽相连，也就是中间的铺路部分除去脚踏的面层其他地方都有水通过。多种清冷色石材的运用，配合苏式建筑的灰白颜色，以及传统植物，突出"青"的主题。另外，铺地网格般的样式设计，给人编织感。

地块现状

平面图

西南方向鸟瞰

特色铺地细节

西北方向鸟瞰

■ 建筑围合呇芃空间

本类型呇芃空间，这种空间在十全街南侧河道两侧较多见。它们产生于建筑之间的空隙或者建筑围合起来的空间。另外还有一些原有的亲水台阶周围的空间，一般面积不超过二十五平方米。这些空间现在大部分被闲置和不合理利用。本类型呇芃空间设计，先根据原有地形和附属功能总结归纳出大致的一些呇芃空间类型，一共设计出 4 种空间再利用的方案，分别为休闲文化空间和滨水引导空间两类。本空间设计结合多种元素，体现"水青丝绣"的主题。

■ 休闲文化空间

本类空间面积很小，临主要人行道不临河。为行人设置石质长凳，配合方形青石水池，内种植水生漂浮性植物。另外，空间内铺地为铜铸图案如"古诗词"或"苏州话"普及资料等。营造小空间内的文化气息。

现状图

平面图

西南方向效果

铺地意向图

南立面

■ 滨水引导空间

本类型空间北面临人行道，南面临河处为亲水台阶，地形较为规整。本空间考虑入口设计要有引导性，亲水部分要有一定屏障物，保证安全，另外台阶上加灯具，夜间提醒游人注意安全。另外，此空间内铺地，为多种材质拼接而成整体效果模仿苏绣"单套针"绣法图案。

北立面图

南立面图

呇芃空间 C

■ 闲置垂直空间

此处地块原为街道北侧一条保护梧桐古树的绿化带，公交站台也设在这一绿化带某些部分，且很简易，只有一些站牌，候车区也没有可以休息的设施。

考虑到当平面空间有限时，可以利用立面垂直空间。在此条绿化带垂直面上增加具有苏式韵味的铁艺以及连带的座椅，可以解决公交站台站牌座椅一体化和街道缺乏宣传资料悬挂之处的问题，也可以为街道增加苏式景观元素，同时也有了机动车道与非机动车道之间的一个半开放式的屏障，可谓一举多得。另外双排非重复设计灵感来源于"双面绣"，即一块绣布的正反两面图案相同。同时，铁艺镂空，也暗合如同针线绣出街道立面生动的美景。

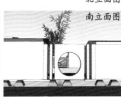

石条铺地和草坪相结合出如丝带般的停车场铺地，路边的绿化"围栏"，图案根据苏绣绣法的图案演变而来，"围栏"形状也类似一个丝绸的波浪，围栏内部有绿色植物，形成低矮空间的垂直绿化。

呇芃空间 D

■ 非机动车停车空间

本案提出的方法是，将非机动车集中停放处安排在河道南岸，因为此机动车较少，人流量也不大。只需要在通往南岸的地方做引导性景观或指示牌即可。另外，在非机动车停放处注意绿化处理。

■ 机动车停车空间

本项设计中在街道西端（原为绿地）增设一处停车场。停车场的再设计，在以功能作为设计基础的同时，充分考虑细节景观的设计。停车场的局部设计主要为植草砖和边界围栏式的垂直绿化。

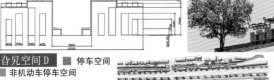

评委评语：

该方案通过对苏州十全古街道诸要素的分析，体现出对地方性设计条件和地域性文化的把握，对场地有深入的理解。进行再利用设计后，空间构成与布局合理，将当地传统元素娴熟运用在景观要素上，设计考虑周全、细节丰富。设计主题明确，理念与设计成果一致性强。方案内容表述清楚，具有较好的表现力。

作品对于街区的实际状况进行了较为深入的分析，从实际问题出发找出解决方案，尽管在表达上有欠缺，在分析中还不够深入，但是能从全方位去看问题，从细处去解决，使设计方案有了较强针对性。

在城市用地匮乏的今天，设计着重分析城市中的呇芃空间，能有效地利用垂直空间，连接成不同的形态，形成不同层次的空间。

二元化边界——兰州城市与乡村边缘地带用地良性发展模式

位置

背景

随着城市的不断扩张，城市边缘的土地的意义变得越来越重大。一方面，它是联系城市与乡村之间的纽带，是满足人们与自然接触需求的区域；另一方面，它所承受的景观环境、人文经济的压力也愈发沉重。生态破坏、土地浪费、用地紧张等问题不断涌现。因此，解决城市边缘地土地利用问题的意义十分重大。

城市用地分析

城市发展方向

现状

兰州城市边缘区域在生活形态、居住形态等方面具有二元性，即包含城市性质的同时也包含乡村性质。该区域内现有建筑多为低层住宅、工厂、废弃地等，存在土地利用混乱、处于上风向的污染企业较多、交通联系缺乏等问题。

地形分析

■ 1940s
■ 1970s
□ now

城市需求

城市

公共绿地

公共绿地空间

农村需求

生产用地

居住居住空间

农村

山地需求

生存空间

功能变换土地

新建生产绿地

公共绿地空间

新建道路

原有建筑和路网

黄河

编号：X230
名称：二元化边界——兰州城市与乡村边缘地带用地良性发展模式
作者：牛琤　张亚楠　杨洋　张艺馨
指导：杨豪中　张鸽娟
学校：西安建筑科技大学
院系：艺术学院

最佳选题奖

谷歌地图

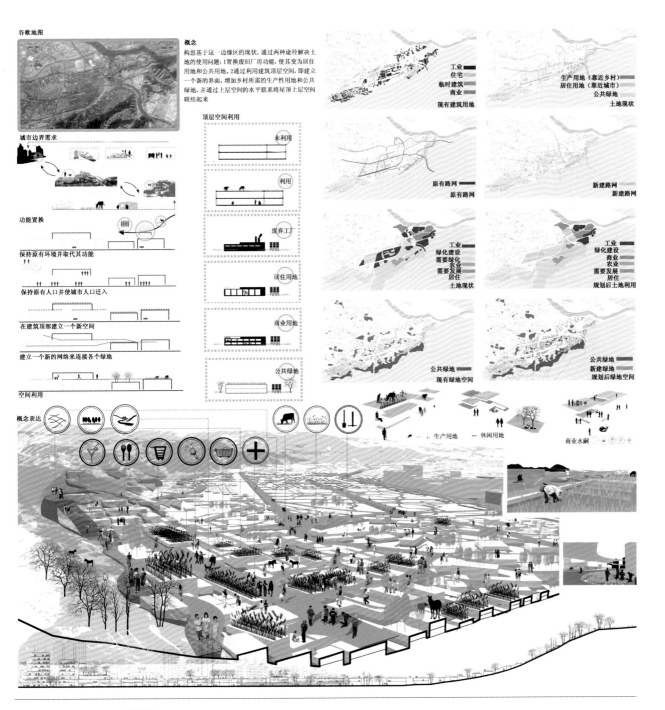

概念

构思基于这一边缘区的现状，通过两种途径解决土地的使用问题：1置换废旧厂房功能，使其变为居住用地和公共用地。2通过利用建筑顶层空间，即建立一个新的界面，增加乡村所需的生产性用地和公共绿地，并通过上层空间的水平联系将屋顶上层空间联结起来

城市边界需求

功能置换

保持原有环境并取代其功能

保持原有人口并使城市人口迁入

在建筑顶部建立一个新空间

建立一个新的网络来连接各个绿地

空间利用

概念表达

顶层空间利用

未利用

利用

废弃工厂

居住用地

商业用地

公共绿地

工业
住宅
临时建筑
商业
现有建筑用地

生产用地（靠近乡村）
居住用地（靠近城市）
公共绿地
土地现状

原有路网
原有路网

新建路网
新建路网

工业
绿化建设
需要绿化
农业
需要发展
居住
土地现状

工业
绿化建设
商业
农业
需要发展
居住
规划后土地利用

公共绿地
现有绿地空间

公共绿地
新建绿地
规划后绿地空间

生产用地　休闲用地

商业水嘣

评委评语：

对场地现状要素的分析深入，空间构成与布局合理有效，尺度感强，景观要素的运用符合对人和自然关怀的基本原则。尤其对场地人文关怀方面表现深入。方案建立在深入的场地理解的基础之上，充分结合了地域特点；设计目标、原则、理念与设计成果一致性较强。对方案全部内容表述清楚、规范、一目了然；图文比例得当、色彩搭配协调优美；图面富有艺术感染力。

对场地现状要素的分析深入到位，区域设计条件以及存在问题的把握和理解准确，解决问题的策略简练而富有创造力，图面表达明快、清晰、美观。

第二部分：优秀奖名单及评委评语

■**作品编号：G019**
学校院系名称：香港大学建筑学院园境建筑学部
作品名称：白石生态旅舍
设计人：丛培淳
指导老师：梁顺祥
评委评语：作品对区域的分析较详尽，并对人与动物，人与自然提出了自己的观点，图文编排丰富，但画面的色彩单一，有些呆板。

■**作品编号：G021**
学校院系名称：香港大学建筑学院园境建筑学部
作品名称：Permascape
设计人：陈隽浩
指导老师：陈弘志
评委评语：该方案将设计重点立足于对城市边缘地区转型及发展方向的思考与研究，并寻求通过景观设计的手段、方法架构空间，组织人的使用活动，具有合理性和创新性，尤其在对场地特征的理解和分析评价上较为独到。版面设计的整体效果良好，表现力较强。"Permascape"概念的提出，较有新意，但通过图面表达对其进行阐述、支撑的力度略显不足。
作品概念性很强，解决问题的方法和设计的表达都具有创新性，表现效果成熟。

■**作品编号：G022**
学校院系名称：常熟理工学院艺术与服装工程学院
作品名称：光影互弈
设计人：周培源
指导老师：季玲
评委评语：对于文昌广场设计比较注重人性化，但文化主题不是十分明确，在生态设计方面有待进一步提高，需注重一下空间绿化。
能够对基地现状进行较为详细的分析，并从总体上进行分析和布局，有一定的尺度感，对地方性的人文性也做出了考虑。图面表现上缺乏创新性，对设计效果的表现还是过于简单。此方案设计思维的方向以及功能分区都比较好，但对地方文化元素的应用还需进一步加强、提炼。空间形式显得零碎，内在的形式逻辑不强。

■**作品编号：G023**
学校院系名称：燕山大学艺术与设计学院
作品名称：桑干记忆·渗透·延续
　　　　——山西省山阴县桑干河安荣乡段湿地景观规划
设计人：谢新昂　唐琳　贺宁
指导老师：李冬
评委评语：此规划设计以渗透、记忆、延续为主题，对场地及其周边地区的条件缺乏综合分析与评价。依据活动功能或景观类型划分的空间区域布局合理，结构关系明确，空间组织清晰，尺度把握较为得当。方案体现对地方和场地内自然和文化遗产以及非物质遗产的保护和关注。规划目标、原则、理念与规划成果一致性较强。内容表述较为清楚，图文比例得当。

■**作品编号：G025**
学校院系名称：南京艺术学院设计学院
作品名称：烟台港国际客运中心建筑景观设计
设计人：褚佳妮　刘晓惠　姚峰
指导老师：卫东风　丁源
评委评语：该方案空间区域布局合理，结构关系明确，空间组织清晰，尺度把握得当，整体关系协调完整。对场地现状要素的分析欠佳，如何使景观与海边气候条件更紧密结合应深入思考。图纸表述清楚，图文比例得当。
能够充分考虑地形及环境条件进行分析，分析全面有条理，使建筑与景观融为一体，但在细节刻画方面精显不足，对于景观细节要多加考虑，使方案更加细腻。

■**作品编号：G035**
学校院系名称：北京交通大学建筑与艺术系
作品名称：厦门园博园海洋岛景观规划与设计
设计人：肖泽健
指导老师：魏泽崧　徐刚
评委评语：该方案对场地现状要素的分析明确。空间布局合理，结构关系流畅，空间组织清晰，空间形态统一而富于变化。图纸表述清楚、逻辑、规范，说明文字明确简练，图文比例得当。
能够对场地及其周边地区的自然、社会、地理等要素进行综合分析与评价，针对现状存在的问题提出解决问题的方法，设计部分概念性较强，创意变化未来与推导希望更顺畅些。

■**作品编号：G036**
学校院系名称：四川美术学院设计学院环艺系
作品名称：重庆防空洞改造设计——"琥珀"城市的标本
设计人：黄映雪
指导老师：张新友
评委评语：该选题设计思维非常大胆，运用手法比较独特，但针对该问题的现状还有待进一步分析，应更好地表达出设计的成果。
立足于历史，关注现实社会，从地域文化及地理条件出发，认真研究城市发展的趋势，从专业设计的角度给出答案，体现了设计者对社会与环境的强烈责任感，这恰恰是景观教育的重要环节。该作品以城市中曾经辉煌但逐渐被人们所遗忘的场所——防空洞的改造为切入点，充分尊重场地现状，选题巧妙，立意新颖。设计理念阐释明确，分析方法多样，方案中也考虑到城市可持续发展等问题，对实际项目的开展具有一定的研究意义。

■**作品编号：G038**
学校院系名称：福州大学厦门工艺美术学院环境艺术系
作品名称：《蜈动空间》——厦门市海沧新城城市中心广场
设计人：刘梦雅
指导老师：梁青
评委评语：方案构思独特，从概念的提取到设计的表现环环相扣。同时，也关注了非物质文化遗产的传承，对传统文化提出了创新的解决方案，表现效果较好，具有专业性和美感。
作品从非物质文化遗产角度切入城市广场设计，体现了作者对前沿课题的关注。但空间形态细部推敲深度不够，广场承载功能过于复杂。
蜈动空间——厦门市海沧新城城市中心广场设计从表现形式感上可说做足了文章，其构思富于想象，利用"蜈蚣"元素巧妙地对景观空间的关系予以穿插处理，使整个设计形成流线形为主，优美自然曲线为辅，尺度适宜的构图关系。展板文图比例适宜，空间组织清晰，色彩清新，画面具有较好的艺术性。但硬质铺装面积过大，亲切感不强，在设计探索的深度上尚需加强。

■作品编号：G041

学校院系名称： 四川美术学院设计艺术学院

作品名称： 筑巢社区——城市人、鸟生态共居系统概念设计

设计人： 郭贝易

指导老师： 马一兵

评委评语： 该设计具有一定深度，以人与自然的共生为主题，设计中大篇幅解决了鸟类生存、人鸟共生的问题，体现了对环境生态的密切关注。该设计创意性与功能性相统一，设计理念与设计成果一致性较强，景观设施元素丰富。但对周边基地的分析过少，对区域环境、城市生态、社会学等诸多因素缺乏深入的衔接，对于设计目标的实现也许只是流于理念而已，设计表现效果较简单，缺乏新意。

本方案主题明确、新颖。整个设计主要体现如何筑造人与鸟共居的居住空间。利用过渡区、湿地、化粪池、廊架等手段解决雨水管理、水质净化、景观完善等问题。本设计为保护生物多样性和维护自然系统完整性提供了很好的设计想法。此设计的表现具有很强的感染力。设计方案完整，分析详尽，设计构思大胆，但设计效果不够突出，表现效果一般。

■作品编号：G058

学校院系名称： 沈阳建筑大学建筑与规划学院

作品名称： "回"——留下记忆的空间

设计人： 郭一婵

指导老师： 于淼

评委评语： 作为一个传统商业街的改造项目，该方案在尊重基地现状，挖掘历史文脉方面，体现得还不够充分。另外，在地面铺装、小品、绿化种植等景观要素的设计方面缺乏对主题的呼应。

图面表达较为凌乱，重点不突出，方案对于文化的理解不够深入，缺少设计主线，结构散乱。

■作品编号：G062

学校院系名称： 福建工程学院建筑与规划系

作品名称： 山东胶州市北中轴线景观设计

设计人： 胡凯凯

指导老师： 翁奕泓　林幼丹

评委评语： 该作品对场地的分析有一定的见解，空间布局较为合理，有节奏感。但该作品提炼的主题不够鲜明，表现效果欠佳。

本案对城市中心进行设计，场地分析较清晰，空间结构组织清晰，对部分场地进行了合理优化，图文表达得当。还需增加对生态设计关注程度，增加作品的创新性。

设计以山东胶州市北中轴线景观为例，设计构思中"对话"的概念引入恰当，设计思路流畅清晰，内容表达规范。其空间布局合理，布艺广场与秧歌广场的设置独具特色，很有代表性，体现了作者对场地的深入了解，对当地人文景观的挖掘，建议是在设计景观节点的时候不要刻意堆砌，要深入了解并说明节点出现和节点顺序的理由。

■作品编号：G064

学校院系名称： 重庆大学艺术学院艺术设计系

作品名称： 原乡·构想

设计人： 沈镇文

指导老师： 张培颖

评委评语： 方案对山地环境与建筑、景观之间的关系进行了研究，但方案对地形的理解并不是很全面，景观缺少对于地形高差的体现。图面表达较好，重点突出，色彩协调，方案达到了一定的深度。

作品对场地现状分析针对性较强，能够尊重现状自然环境，但对地形条件的运用欠佳。突出特点是方案设计构思新颖，内容与形式融合较好，空间组织清晰且韵律感强。但方案中对景观内容交代不足，分区节点主题意境不突出，表达不甚深入。图文比例合理，文字简洁明确，图面色彩搭配协调，方案内容表达规范、清楚。

■作品编号：G068

学校院系名称： 西安建筑科技大学艺术学院

作品名称： 面向未来的水城——广佛水上交通的传承与再生

设计人： 齐应涛　刘羽佳　王郁溯　赵婉露　徐涛

指导老师： 杨豪中

评委评语： 该选题比较新颖，具有开拓性，能很好地调查分析水上交通的环境，但对于设计理念的表达不完整。缺少欲达到效果。

分析比较全面。设计以京沪高速铁路泰安西站周边地区城市设计为题，其选题具有一定的探索性与应用价值。设计通过对场地及其周边地区的自然、社会、经济、历史文化等要素进行综合的分析与评价，在其场地布局结构、空间组织等方面进行探讨，其方案设计内容表述清楚、规范，图面饱满、富有艺术表现特色。

■作品编号：G072

学校院系名称： 四川音乐学院绵阳艺术学院造型与设计艺术系

作品名称： NEST-巢

设计人： 蔚炜华

指导老师： 刘素

评委评语： 概念有创新，仿生手法很好，人文因素考虑较少，可操作性不强。该同学是通过步行街的改造去体现他的六边形空间，可以称之为城市补丁，在狭窄的街道和建筑林立的空间里还可以看到绿色，这样的想法很独特，在前期分析上很下工夫，合理地利用了该地区，并更好地实现了空间的利用，满足了商家的同时，也满足了顾客的心理需求，绿化不是以往的方式去体现，而是通过随处可见的空地去表现。在思想表达和设计上有自己的见解，在效果图上表现得不够细致，但是可以表达清楚他设计的理念。

■作品编号：G074

学校院系名称： 云南农业大学园林园艺学院园林系

作品名称： 云南农业大学东校区校园更新规划

设计人： 杨阳　张婕　李施　赵露霞　杨丹　邓莹

指导老师： 陈新建

评委评语： 该选题没有很好地通过设计表达出设计目的和设计理念，怎样才能在生态原则的基础上使绿色植物可持续有机生长。对于场地生态的考虑较为局限，应大胆地采用生态设计和技术手法，表达出自己的设计成果。

方案设计内容新颖，对场地现状要素分析透彻，景观功能定位准确，设计目标与设计成果较为一致。空间构成与布局合理，景观要素运用得当，图面布局、表现较好。设计目标明确，设计功能开放、互动、多元共享，利用问卷调查科学手段有机结合场地特征，突出开放式自然景观教学课堂与自然资源生态控温环境，景观形态体系从宏观到微观，分析分明，表现清新，规范简洁。该方案为校园实验原地的场地景观设计，前期分析较为到位，但设计中对于校园历史人文特色的表达不够深入。

■作品编号：G077

学校院系名称：南京林业大学艺术设计学院

作品名称：洪泽湖湿地公园景观设计

设计人：马婕

指导老师：丁山　湛磊

评委评语：深度考虑生态景观解决方案，空间布局与解决形态分析简洁明了，版面组织与景观效果表达独特，充满浓厚古朴传统诗情画意水墨画意境。

方案图面设计色彩淡雅，图画表达具有一定的艺术审美能力。但是在规划设计上缺乏整体性和合理性，对现状分析、调研缺少合理、科学的论断，只是把注意力集中在某些点的设计上，其总体的规划与分区规划尚须加强和提高。

■作品编号：G080

学校院系名称：北京林业大学园林学院

作品名称：昭通市交通环岛公园设计

设计人：毛茜

指导老师：刘志成

评委评语：该规划设计以"一轴、两区"的布局形式，突出了银锭抽象的地形，并以纽带的形式联系了各个景观区域，使得规划结构清晰条理分明，同时整个图形结合得体，内容翔实，形式富有变化，给人强烈的视觉冲击感。同时合理地结合了细部的景观节点表现，对物理空间构成与布局合理有效，尺度感强，景观要素的运用符合对人和自然关怀的基本原则。对场地生态、文化价值的考虑还应加强，方案建立在深入的场地理解的基础之上，针对性较强；设计目标、原则、理念与设计成果一致性较好。此作品对方案全部内容表述清楚、规范，一目了然；图文比例得当、色彩搭配协调优美；图画富有艺术感染力。给观者带来强烈的临场感受。

■作品编号：G081

学校院系名称：北京林业大学园林学院

作品名称：城市住宅区儿童活动场地研究&设计

设计人：徐思婧

指导老师：刘志成　马晓暐

评委评语：该选题注重人性化的设计，对于城市儿童的活动场地做了详细的分析，能够把握住目前存在的问题，进行分析，对于空间的合理性和创新性可以更深一步考虑。

场地分析切合实际，与空间布局关联性密切，方案关注区域性生态环境，图文并茂，搭配得当。对场地及其周围地区的自然、经济等要素做了综合详细的分析，景观要素的运用符合对人和自然关怀的基本原则。图文比例得当。

方案对场地及其周边地区的自然、社会、经济、历史文化等要素的综合分析与评价，提出解决问题的原则与战略。方案思路创新性不足，视线条件、大地景观表现偏弱。

■作品编号：G083

学校院系名称：苏州科技学院建筑与城市规划学院

作品名称：思古山湖采石宕口景观改造设计

设计人：黄中黎

指导老师：丁金华

评委评语：对场地分析较为深入，解决方案具有一定的合理性，但空间布局稍显杂乱，设计表现效果不够明确。

对场地现状分析图文并茂，设计层次清晰。空间布局及结构层次关系有待明确，图面表达需进一步加强。

思古山湖采石宕口景观改造设计，其选题具有一定的探索性与应用价值。建立在对场地地理现状及历史条件充分理解的基础上，针对现状存在的问题提出了相应的解决方案，方案内容表述清楚，但在具体景观设计方面尚需补充内容，整体效果过于平面化，空间及尺度感不强。

■作品编号：G085

学校院系名称：中央美术学院建筑系

作品名称：生态宜居社区

设计人：周丽雅

指导老师：丁圆

评委评语：该作品定位明确，设计理念与主题突出，以天津的文化历史背景为核心集中演绎了文化背景下的生态宜居性社区，充分依据景观类型划分出空间区域，其布局合理，结构关系明确，空间组织清晰，尺度把握得当，整体关系协调完整，特别对其独特的地理水文条件有较为深刻的理解和表现。但整体规划设计稍显简单，细节不够充实，图形结合不够合理，使得画面不够丰富。

■作品编号：G087

学校院系名称：重庆大学艺术学院

作品名称：城市绿洲——重庆茶园新区苦溪河公园景观设计

设计人：鞠长贺

指导老师：刘黔渝

评委评语：该方案能把握住地方性的特殊环境条件，很好地分析现状要素，对于空间尺度把握不够，对场地应进一步深入地分析理解，设计表达手法有待提高。

作品立意较好，场地分析较为深入，逻辑清晰，方案能沿用此逻辑展开。关注历史与文化的延展，设计方案具有一定创新性，但在设计表现上存在不足，将设计理念应用在方案中时对相关设计形态的控制力稍显稚气。

■作品编号：G088

学校院系名称：重庆大学艺术学院

作品名称：竹·韵·怡

设计人：陈福元

指导老师：张培颖

评委评语：设计定位准确，总体布局较好，设计表现清晰、简练，效果极佳。

运用竹、韵、怡三个元素在城市规划上体现得很突出，用三种元素分别表现不同的区域景观。在整个路网及设计概念上提炼了"竹"这一形象，通过"竹"的理念，形成了路网，有了各区域的功能分析。前期分析很到位，对空间场地的利用搭配合理舒适，在分析该地区地形的前提下提出自己的方案，并很好地利用地形的变化来设计表现。以手绘及电脑表现体现他的设计想法和理念，做得细致认真。

■作品编号：G089

学校院系名称：重庆大学艺术学院

作品名称：生命密码

设计人：王彩军

指导老师：张培颖

评委评语：图文比例得当、色彩搭配协调优美；图面富有艺术感染力。但对场地分析不透彻，虽然应用了GIS对基地进行分析，但分析结果对方案设计具有哪些具体的指导细则却没有表达出来，设计概念构思图示表意不清晰，概念的提出略显牵强。

特色明显，整体规划较好，节点的聚落景观表现较弱。

该设计方案对设计项目有较为全面的认识、分析，能够针对基地的地貌特点提出相应的设计思路和较为一致的设计方案。景观基地环境和设计元素分析思路清晰，功能分区较为合理；但是过于注重建筑的表现，从而缺少了对景观规划的把握和分析。

■作品编号：G090

学校院系名称： 江南大学设计学院

作品名称： 容.融

设计人： 江雪莉

指导老师： 吴尧　朱蓉

评委评语： 该设计作品紧密结合了澳门独特的地理位置和历史背景——兼容葡萄牙文化的具有多文化色彩的共荣文化，使整体设计凸显出东西方风格完美设计的融合。同时，详细分析了现场场地以及本土文化历史环境，充分承载了该地区现实行为需求。此作品对方案全部内容表述清楚、规范，一目了然；图文比例得当、色彩搭配协调优美；图面富有艺术感染力。但还应加强对平面的塑造表现和详细叙述。

■作品编号：G095

学校院系名称： 中国人民大学艺术学院

作品名称： 西海花园

设计人： 徐姗姗

指导老师： 王南

评委评语： 该设计作品紧密结合了设计场地和景观设计中的实际问题，注重生态性、可持续性、场所、文脉等的具体体现，使文化、技术与艺术完美结合，突出了本地的山体特色和相关建筑元素，并将其合理地运用到了设计中。但在具有创造性的同时，还应依据活动功能或景观类型划分的空间区域加强布局，明确结构关系，把握尺度，使得整体关系协调完整。

■作品编号：G101

学校院系名称： 扬州大学艺术学院

作品名称： 流者·动也

设计人： 孟繁斌

指导老师： 侯长志

评委评语： 场地现状分析比较有针对性，总体空间布局合理，解决广场交通与周边基础设施考虑比较系统，体现"流者·动也"主题。广场紧张节奏几何构成形态与周边乡镇建筑形式形成不可调和的矛盾，内容组织清晰，但版面色调过于低沉。

本方案对用地现状做了详尽的分析，从城市规划的角度着手，进行了条理比较清晰的阐述和归纳，在造型方面能突出体现民族特点。但在各功能区的规划与组织上不尽合理。

■作品编号：G103

学校院系名称： 重庆大学艺术学院

作品名称： 万州滨江多元文化广场建筑及景观设计

设计人： 范鹏

指导老师： 杨玲

评委评语： 空间想象力比较丰富，富有表现力。

空间过于凌乱，建筑体量不协调。

该作品景观形式感较为突出，能够合理地融合多元文化，对区域场地的分析较为成熟，方案表达明确。

■作品编号：G105

学校院系名称： 集美大学美术学院

作品名称： 融合的艺术——集美龙舟池滨水文化广场景观设计

设计人： 张翠霞

指导老师： 樊洁

评委评语： 此方案着眼整体，对具体的景观分析翔实，但是在透视表现上缺乏深度，还应使其丰富化、细节化，还应加强对景观节点的空间塑造和空间表现。没有明确景观类型划分的空间区域，生态、环境和资源问题没有提及。场地现状分析评价结果、规划目标、原则、理念没有一致性的表达。内容表述清楚、图文比例不得当、色彩搭配不够协调优美。

■作品编号：G106

学校院系名称： 江南大学设计学院

作品名称： 新人居 吞噬与反吞噬 自然&建筑结合体

设计人： 冯千骅

指导老师： 张希晨　林瑛

评委评语： 该设计方案对于设计的概念很清晰，设计能够很好地把握运用景观要素，空间尺度感很强，能够准确地表达出设计理念和设计成果。

功能空间布局合理，结构关系明确，空间组织清晰。关注社会现象和环境问题，立意明确，结构较为清晰；就农村改造问题提出了一些独到的见解和思路，能够抓住项目特征，考虑人的行为及心理需求，并提出较为合理科学的规划方案。不足之处在于版面设计还有待加强。

■作品编号：G108

学校院系名称： 长安大学建筑学院

作品名称： 自然包·裹—渭河西安段草滩八路湿地公园景观规划设计

设计人： 李宗泽

指导老师： 张红军

评委评语： 题材新颖，场地现状分析比较系统，解决问题分析程序清晰，整体与局部空间布局合理，对渭河生态休闲保护改造提出详尽的解决方案，设计主题与内容一致，效果图表达突出实质性问题，整体版面组织还不够生动。

方案对现状做了详尽的分析，关注社会现象和环境问题，提出了河流开发与环境保护之间的关系，立意明确，结构较为清晰；就城市改造问题提出了一些独到的见解和思路，能够抓住项目特征，考虑人的行为及心理需求，并提出较为合理科学的规划方案。

■作品编号：G127

学校院系名称： 北京交通大学建筑与艺术系

作品名称： 坡面重构——大学校园外部空间与环境设计

设计人： 孟璠磊

指导老师： 蒙小英

评委评语： 该方案注重对人的互动、交流空间的塑造，对建筑围合的空间分析透彻，方案设计针对性强。

选题角度较为新颖，景观空间的通风采光考虑不足，尤其基地在北方，冬季大面积的底层空间容易形成消极空间。

本案是一个思考成熟、有深度、有立足点的优秀案例，对场地利用到位，区域划分明确，定位合理；从平面的角度看，形式很现代，手法干练，简单的几何关系和设计策略都清晰明朗；是套不错的作品！

■作品编号：G129

学校院系名称：山东大学威海分校艺术学院

作品名称：海·舰·冢——威海甲午海战遗址博物馆规划设计

设计人：吴楠 刘品 李文静

指导老师：郑阳

评委评语：方案选址特色鲜明，设计体现了历史文化与地方特色，设计内容层次丰富，对于土地的利用，视线的分析充实，对于遗址的整合从地面到水面形成了完整的流线，为人们提供了从事多种活动的空间场所，是一个集人性化、艺术化于一体的场所。

选题较新颖。以威海甲午海战遗址博物馆规划设计并以船桅杆造型为设计构思来源，对桅杆的抽象、变形，将广场和道路统一进行设计。设计细化到位，但稍显凌乱。

■作品编号：X015

学校院系名称：安徽建筑工业学院建筑与规划学院景观学系

作品名称：城市边缘——守望与变迁：南岗镇总体规划

设计人：徐思伟 蔡晓晗 茅敏 卢林香 王立文

指导老师：张路红 王志鹏

评委评语：该设计方案较好地分析场地的周边环境，较好地表达设计思维，但设计的目标和主题不太明确。

方案设计从生态角度出发，分析具有一定深度。但作为景观规划，缺少对现状地形、环境等生态要素的深入分析，整个景观结构系统的生成略显形式化。内容表述清楚、逻辑、规范；方案图面色彩优美、艺术表现效果优秀。

■作品编号：X017

学校院系名称：安徽建筑工业学院建筑与规划学院景观学系

作品名称：无为而治——南淝河入巢口景观规划设计

设计人：邓志恒 王顺达 朱晗 赵元元 赵欢

指导老师：赵茸

评委评语：该作品关注自然生态。场地分析具有针对性，解决方案具有合理性和创新性。版式设计及效果图表现较好，画面优美协调。

对区域内水生态资源进行深切关注，分析透彻。图面表现清晰、活跃，如方案能进一步细化则更佳。

无为而治——南淝河入巢口景观规划设计，是作者对于生态改造的一次尝试，与其说是景观规划，不如说是一次生态修复。前期调研细致认真，在设计中也能体现出作者对于这个区域生态修复的渴望和信心，图面效果简洁大方，但是值得注意的是"无为"不一定就能起到"治"的效果，如何把握好无为和有所作为之间的度，还需作者深入研究。

■作品编号：X037

学校院系名称：华南农业大学风景园林与城市规划系

作品名称：缝合——中山市大鳌溪采石场景观改造

设计人：袁喆

指导老师：汤辉

评委评语：该作品规划较为合理，区域联系相对紧密，但是与周边地域的关联并不明显，对于环境可持续方面考虑欠佳，图面效果良好。

作品关注废弃采石场生态景观恢复，设计定位明确，分析思考较深入。场地功能考虑完备，对边坡的处理提出了合理的建议。不足之处是对生态技术手段运用不多，没有具体考虑边坡植物配置的特殊性，场地周边联系不够。

■作品编号：X065

学校院系名称：江南大学设计学院

作品名称：种在时光里的向日葵——无锡北仓门城市公共空间规划

设计人：郭宁

指导老师：史明

评委评语：方案对于基地的周边环境及文脉条件分析详细，平面及空间构成序列清晰，结构合理，空间体量把握较好，作品形式感较强，注重场所中人与景观之间的互动，体验性强，图面表现良好。

该设计方案特色鲜明，元素提炼准确度高，效果图直截了当地表现了设计手法和建筑形式，空间设计丰富，方案深入，完整度好。图面排版效果佳。

■作品编号：X069

学校院系名称：江南大学设计学院

作品名称：归港——青岛市沙子口镇渔码头景观设计

设计人：谢梦琦

指导老师：史明

评委评语：该设计空间表达能力较强，设计思维逻辑性也较强，但该设计对文脉因素的提取有所欠缺，分析也不够深入，对生态保护的问题关注不足，表达内容不够丰富。

场地分析科学合理，景观格局清晰，概念"归港"的提出结合了场地、人、文脉，体现了设计者对人文的关怀。但现场分析中对周边地区的社会、经济、自然等要素的综合分析不够。图面表述清晰，效果表达整体性强，表达能力不错，文字较弱。

■作品编号：X070

学校院系名称：江南大学设计学院

作品名称：空中医"园"

设计人：杨裴

指导老师：吕永新

评委评语：该方案从基地分析到方案的解决有一定的见解，但更多地停留在文字表述阶段，从方案图中看不出对主体和细节的深入思考和表现，尤其缺乏对公共安全性和人文关怀的考虑。例如在水体和铺装的处理上。

方案分析层次清晰但深度欠佳，景观结构层次表现清晰但推敲过程不够严密。画面表现具有感染力。

设计针对医疗空间对景观设计的要求提出独特的构思立意，其前期调研工作充分，对方案全部内容表述清楚、规范，一目了然。只是针对本案所提问题的分析图不少流于形式，需要与具体景观设计内容结合起来进行思考。

■作品编号：X072

学校院系名称：江南大学设计学院

作品名称：回归·相遇——都市"城中村"居住及公共环境与更新设计

设计人：杨珊珊

指导老师：过伟敏 魏娜

评委评语：场地现状分析比较全面、乡土生态分析较好。拆建、修旧分析不够，手绘分析表达有待提高。

该同学前期分析很到位，能点出重点，条例清晰，娓娓道来，水到渠成，方案的生成离不开当地的历史文化；功能区域之间联系紧密，层次清晰；就设计作品本身而言，整体设计明确，细节丰富，但是，作为设计而言，应该对原有建筑进行提取升华，此次设计过于遵循原有的事物，而自己的设计思路被局限，因此少了些新颖的闪光点来吸引读者的眼球；整体画面表达充分、明确，能说明作者想要表达的思想。

■作品编号：**X075**

学校院系名称：江南大学设计学院

作品名称：望归——舟山东极岛小学建筑景观设计

设计人：夏乐伟

指导老师：史明

评委评语：对场地现状要素的分析深入，空间构成与布局合理有效，尺度感强，景观要素的运用符合对人和自然关怀的基本原则。对场地生态、文化价值有一定的表现。方案建立在对场地深入理解的基础之上，充分结合了小学生的心理特征；设计目标、原则、理念与设计成果一致性较强。对方案全部内容述述清楚、规范，一目了然；图文比例得当、色彩搭配协调优美；图面富有艺术感染力。

对于场地环境以及儿童行为的分析十分细致到位，设计目标清晰而富有新意，结合活动行为巧妙地组织景观空间序列，创造出具有活力的及密切结合场地特征的场所空间规划，景观节点的设计较为深入，较好地达成了设计目标。图面表达清新悦目，富有艺术感染力。

■作品编号：**X082**

学校院系名称：山东农业大学林学院

作品名称：无土时代下的追思——泰安市泰山红门路文化广场景观设计

设计人：高进军

指导老师：王洪涛

评委评语：广场纵横轴线清晰，流线组织合理，但对于基地文脉的体现不够丰富，设计手法创新意识不足。

该规划方案特色鲜明，元素提炼准确度高，但方案设计较平淡。色彩单一。

■作品编号：**X086**

学校院系名称：郑州轻工业学院艺术设计学院、国际教育学院

作品名称：栖息地·大河·浊·清
——郑州花园口黄河湿地滨水景观规划设计

设计人：冯泽林

指导老师：信璟

评委评语：场地分析逻辑思路清晰，图面表达简洁。功能考虑欠缺。

作品有较为完善和系统的分析，明确地表现了景观的变化性，很好地将生态与景观相结合。

■作品编号：**X098**

学校院系名称：郑州大学建筑学院

作品名称：人与自然——共享 共乐 共生——郑汴城市及城市之间的绿道可行性研究与设计

设计人：王坤

指导老师：郑青

评委评语：方案对场地的现状，设计中从生态、景观艺术等多个角度进行考虑，景观要素的运用符合对人和自然关怀的基本原则。设计目标、原则、理念与设计成果一致性强。

选题较为新颖，绿道分析详细，但节点景观设计太过粗略。

作品从多个角度对基地现状进行了详细的分析，并提出了创新的解决方案，立意明确，能够从地域性出发关注人文与可持续发展，整体规划具有一定的尺度感，结构关系明确，空间组织清晰。缺之一个需要重点阐述的部分。

■作品编号：**X103**

学校院系名称：北方工业大学艺术学院

作品名称：河南省巩义市孝义镇列江沟村景观规划设计

设计人：张高阳

指导老师：任永刚

评委评语：该设计选题较好，设计理念较新颖，对场地的分析也较深入，综合分析了场地周边环境的自然、经济、社会、历史文化等要素，也考虑了对文化的传承和因地制宜的设计原则。但是设计表现图显得不够生动。

场地分析充分，但在展板画面和表现图上显得不够生动，图面艺术效果没跟上文字的表达，整个设计满足基本功能，但缺少形式美，设计方法还不够成熟，显得生硬。新农村的"新"在设计中未能体现。

■作品编号：**X123**

学校院系名称：四川美术学院美术教育系

作品名称：适·宜居——廉租住宅探索性设计

设计人：凌然 韦祥龙 孟梦

指导老师：余毅

评委评语：该作品选题结合当今热点，具有学术研究和理论探讨价值，设计构思巧妙，效果表现突出主题，具有专业性和艺术性。

关注低层大多数人群的基本生活状况，推理过程借助工作模型，完成整体方案设计，充分考虑居住区的生态效应和人交往的需要，图面表现较好。

廉租住宅设计反映出作者作为设计师的社会责任感，其设计运用了现代主义建筑的手法，类似于马赛住宅，在此基础上又赋予当代设计语言，组群式的建筑彼此联系，关系上处理得当，具有一定的使用和研究价值。只是住宅设计的形式还需加强，采光也是设计中尚需考虑的问题。

■作品编号：**X130**

学校院系名称：大连理工大学建筑与艺术学院

作品名称：生态乌托邦——城市生态湿地生命体系构建

设计人：高兴 邢灿

指导老师：唐建 林墨飞

评委评语：生态乌托邦的概念并不是新创，但是该方案用清晰明快又淡雅的方式表达了对该场地生态理想状态的向往，并阐述了相关的实现途径和规划手段，从地理、气候与水文等方面分析了该地区生态恢复和保护的各个方面，并对中心区域进行了概念分析，表达了作者较娴熟的设计思维和较强的表现能力。

场地分析很到位，设计分析充足。标题虽然为生态湿地的生命系统，但设计集中在构筑物上，整体性不足。图面表达方面，设计的内容表达缺失，分析图全面，整体图面效果尚佳。

该作品概念性地根据区域性和局地性现存提出了一个对现状环境的构想，对自然、社会等要素也做了全面详细的分析，提出的具体形态具有前卫性。如果是整合不良的资源，提出未来的构想，并关照一定的生态技术手段和技术，这是一个不错的方案；但如果在非常自然美好的自然环境中人为地加入一个人工的构造体，也许理念上事与愿违。效果表现艺术性强，图面具有较强的感染力。

■作品编号：**X136**

学校院系名称：东北师范大学人文学院

作品名称：畅·游——长春长影世纪城二期建筑景观设计

设计人：王博 赵晶晶 鄢宏 陈小雪 曲镜澄

指导老师：李帅

评委评语：此作品较为完整地阐述了设计的场地及内容，但所设计的内容过于平均，没有针对于某一项深入重点地探讨说明，但总的来说，从设计到表达是不错的，较为清晰，整体性较强。

■作品编号：**X150**

学校院系名称：中国美术学院建筑艺术学院

作品名称：隐园——横店影视城度假公园规划设计

设计人：林迪航　李青霓　王巧叶

指导老师：康胤

评委评语：景观空间功能性考虑不足。

利用场地中的山体和自然资源，以影视为文化背景，给人们营造了一个享受安静，逃避喧嚣，投身于自然的"隐园"，方案立意明确，主题鲜明，表现形式良好。

■作品编号：**X153**

学校院系名称：中国美术学院建筑艺术学院

作品名称：生长的风景——湖州枫树岭陵园规划与设计

设计人：刘莉　郑紫星　王磊

指导老师：沈实现　邵健

评委评语：该方案从陵园景观的特点出发，引入"生长"这样一个带有时间维度的概念来统领整个规划设计，对场地的特性把握较好，好的选题下突出一个能够将设计有机带动起来的主线——人们需求的变化与"生长的风景"之间的衔接，整个方案能够体现出较理想的流畅性和整体性，只是两个版面的表现图纸之间显得有些脱节。

设计关怀现世的人和故去的人，以求建立环境舒适的墓园景观。利用现有基地的线状特点，展开一个故事的序列，讲述人的一生。利用问卷调查法作为前期调研方法，探寻人们内心深处的需求。但问卷调查结果的分析不够深入，分析的结果得出了什么样的结论，又是如何表达在设计中的？两者间略显割裂。陵园的规划，选题角度新颖，对场地现状要素的分析与评价较全面，对场地有较为深入的理解。方案的空间构成与布局比较常规，线性空间缺乏特色，建议提出墓葬较新的墓葬形式以及新型的悼念方式。对生态的关注度不够，可以结合环境生态来设计墓园祭奠场地。图文编排清晰、色彩搭配协调，效果图绘制较好。

■作品编号：**X175**

学校院系名称：南京艺术学院设计学院

作品名称：城市记忆的码头——南京中山码头公园景观改造设计

设计人：张蕾　葛丹丹

指导老师：刘谯

评委评语：方案对场地分析全面、细致，分析评价与成果表达具有一致性，功能布局合理，尺度把握得当，图面表现具有视觉冲击力。方案对旧工业遗址区的生态保护、资源利用等环节进行了关注，但改造途径缺乏创新意识，设计手法比较单调，缺少亮点。

该方案在充分理解现状地的基础上，归纳问题所在，提出解决策略，并以此作为方案的指导，建筑功能形态的准确把握，并以清晰的图文和深刻的语言对设计理念予以准确的诠释，方案切实可行。

■作品编号：**X189**

学校院系名称：青岛理工大学艺术学院

作品名称：曲·湿地

设计人：唐瑭

指导老师：李晓红

评委评语：平面设计失去了河流应有的自然性。

作品为度假村景观设计，以生态湿地作为景观基质，注重返璞归真的可持续发展理念。方案表达较为明确。

■作品编号：**X203**

学校院系名称：云南大学艺术与设计学院

作品名称：漫步云端——昆明市南屏街概念设计方案

设计人：贾云龙

指导老师：张丰

评委评语：景观的空间结构和布局较为合理，尤其是组团间的连接空间变化多样，建筑与环境的形态特征较为统一。但作为"春城"，对植物设计运用没能利用好优势。

此作品优点在于能够大胆地通过改善交通组织与服务环境的手法来拉动整个商业区的经济效益与利用效率，针对性较强，图面表达清晰明确，方案思路具有一定的创新性，画面感染力较强；不足之处在于整体协调性略显混乱，过于强调了交通空间，交通系统有些繁琐，不够简洁。

该课题场地分析较好，概念生成具有一定的逻辑性。整体景观设计元素统一，设计构思可以与景观元素紧密结合，具有一定的创新性、针对性、概念性。该方案过度注重形式，缺少对功能的考虑与理解。

■作品编号：**X214**

学校院系名称：沈阳建筑大学建筑与规划学院景观系

作品名称：再绘清明上河图——一种延绵不断的城市活力

设计人：潘鑫晨

指导老师：李辰琦

评委评语：该方案有一个很响亮的标题，在这个标题下让人期待优秀方案的出现，但是整个方案，虽然图画效果表现较为淡雅悦目，但是并未紧扣设计主题，城市活力的延续没有在方案中得到一目了然的体现，设计分析显得太小，从而失去了分量。

设计试图丰富场地上以人为中心的多种多样的活动，并在设计初期就规划了场地上多样的节日。平面构形能力很强。但形式与功能的结合不够理想，空间尺度较大且类型变化较少。

作品对场地及其周边地区的自然、社会、经济、历史文化等要素进行了综合分析与评价，概念性地提出具有战略眼光和可持续发展的规划方案。从生态到人文，从空间到布局，从行为到心理都提出了具有价值的改造手段，对于概念性规划来说，确属优秀方案。图文排版优美，表现图具有创新性效果。

■作品编号：**X224**

学校院系名称：西安建筑科技大学艺术学院

作品名称：转动的齿间地带——西安市南郊城市边缘区景观规划设计

设计人：侯天航　景光　康园园　李思彦

指导老师：王葆华　杨豪中

评委评语：城市边缘地带的建设是城市化发展中不可避免并且一直在更新的景观学课题，该方案表明作者对城市边缘地带的景观进行了深入的调研，成功地用转动的"齿带"来讲城市边缘的两个要素，城市组团和乡村组团进行了有机地整合与协调，并且从生态与人们生产生活等多方面进行了阐述，图面效果也较为丰富饱满。

设计抓住了很重要的位置——城乡结合部，通过"齿轮"的方式，其实质上是增加了城市和乡村的边界，使城市和乡村更好地融合。但具体的设计形式较为单一，城市与乡村可能有很多种结合模式，包括水体的结合等，可以有更多的探讨。"生态交通系统"的设计有待加强，从现在的剖立面图上看，忽视了自然过程，较难达到预想的效果。

作品对场地及其周边地区的各方面条件进行了综合分析与评价，提出解决问题的方法与理念。空间构成与布局合理，平面布局形式感优美。借鉴技术手段来改造城市边缘问题，确实是目前很多城市存在的尖锐问题，不足在于方案对理念提得较多，结合实地切实深入研究的部分缺乏。图文排版简洁清晰，图版形式与色调较强烈。

此作品对于设计对象的定位很准确，总体布局及尺度也很合理，但在设计中除净雕外并未发现与铜梁这个地区相关的内容，却采用了柱廊及徽州的景观样式，不知这个"传承"的概念缘何而来。

■**作品编号：X227**

学校院系名称： 西安建筑科技大学艺术学院

作品名称： 没有汽车没有扩张的花园城市

设计人： 刘文博　王郁溯　王鹤淳

指导老师： 吕小辉　杨豪中

评委评语： 方案设计停留于概念层面，对于城市扩张与自然景观直接的关系没有做很好的阐释，整个景观设计深度不够，概念表达不是很直接，图面效果有待进一步提高。

作品针对城市交通和城市扩张两大问题，体现出对城市问题的关注，并做出了具有独到想法的概念方案，虽有过于理想化和不尽合理的地方，但其创新性和趣味性十足。创作思路清晰，完整，图面基本可以表达其创作想法，但深度不够，欠缺对一些必要的景观细节的处理。

■**作品编号：X265**

学校院系名称： 浙江万里学院设计艺术与建筑学院

作品名称： 水景树——临海三江国家湿地公园总体规划

设计人： 魏琦丽　张芸芸

指导老师： 吴李艳

评委评语： 以"水景树"作为湿地空间生态格局的理念较为新颖。方案设计中，进行了植物多样性及动物多样性的分析，生态观念较强，整个设计方案完整。

对场地及周边环境进行了自然、社会、地域、生态等要素的综合分析与评价，并依据活动功能和景观类型进行了功能分区，结构关系明确，空间组织清晰，图文表达清晰明确，比例尺度得当。但对于湿地公园与栖息动物的相互关系上，阐述不够详细，如栖息物种的种类，所需生态空间的大小，如何进行保护等等，有些过于主观，缺乏说服力。

该课题对场地及周边环境分析与评价较好，能够针对现状存在的问题提出良好的解决方案，对生态与可持续发展问题做出了较好的研究并具有一定创新性。但场地要素缺乏提炼，表现形式过于单一。展板图文比例一般、色彩搭配一般，缺乏艺术感染力。

■**作品编号：X274**

学校院系名称： 广西大学林学院

作品名称： 田野的回归

设计人： 刘海滨

指导老师： 孙革

评委评语： 方案选题不算新颖，前人已经作过，但设计方案充分考虑了排污渠等生态化设计，这也是本方案的亮点之一。就局部景观设计而言形式和手法太单一，图纸表达一般。

选题有一定的社会意义，视角独特，对场地的理解比较到位。主题、概念有新意，且能结合生态恢复及人文记忆。方案解决具有一定的可操作性。图面表达效果不是特别突出。

作品对场地生态考虑周全，表现较为突出，很好地体现了对自然和环境的关怀。大胆地采用生态设计和生态技术手段创新地解决了当地的污水与垃圾处理问题。但对方案部分内容表述不够清楚，不够规范。

■**作品编号：X277**

学校院系名称： 内蒙古师范大学国际现代设计艺术学院

作品名称： 自净·轮回——景观水体研究中心环境设计

设计人： 杨枫

指导老师： 苑升旺

评委评语： 从图面效果看，该方案作者有较强的效果制作和方案图表现能力，并且充分理解了项目的特点和精神，"自净"与"轮回"这个主题符合水体研究中心的应用特质，但是图面效果却不尽理想，主要表现为展示图颜色的选取过于灰暗，字体颜色和大小需要进一步推敲，各展示效果图的排列也不够灵动。

作品应该是自设的方案，对于题目还应该更加明确，内容所述应为水景园，研究水景的创造，并兼顾生态。理念表述比较清晰，技术性手段说明较简单。图面较注重效果图的表达，而对于具体的水处理与生态、技术手法表述不足。图面效果较清晰。

■**作品编号：X280**

学校院系名称： 内蒙古师范大学国际现代设计艺术学院

作品名称： 呼和浩特城市轨道交通规划创意设计

设计人： 马超

指导老师： 李默　苑升旺

评委评语： 此方案对场地城市交通现况作了详细的分析，前期工作深入，思路清晰，分析方法可行。提出了存在的问题，对问题解决方式也进行了较深入的思考，具有一定科学性。给今后的城市交通建设提供了一定的参考思路，整套方案完整大气，图纸规范，表述清楚，一目了然。

选题偏大，感觉不能很好地把握和掌控题目。方案缺乏亮点，也没有很好地体现"低碳"的主题。图面效果不好。

作品对场地分析细致、合理，空间组织合理，尺度把握得当，整体关系协调，内容表述清楚规范，设计理念较为细腻。设计元素提炼恰当，表现效果较佳，图文比例得当，色彩搭配较为协调，图面富有艺术感染力。

■**作品编号：X286**

学校院系名称： 西北农林科技大学林学院艺术系

作品名称： 西北红色革命主题公园景观与环境装饰雕塑设计

设计人： 赵俊明

指导老师： 陈敏　刘艺杰

评委评语： 此设计对场地及相关分析充分全面，有一定的图面表现能力，但对红色文化的深刻内涵发掘不足，设计形式与造型手法过于华丽，不能充分地体现质朴的革命情怀，但视觉冲击力比较强。

选题为红色革命主题非常具有文化意义，对于场地也做出了比较深入的理解和分析，总体布局较为合理，但入口处到纪念碑段略显单一。设计结合地形恰到好处，对于红色革命元素的应用也活泼大胆。对方案的表述较清楚，整体画面表现比较协调。

■**作品编号：X298**

学校院系名称： 深圳大学艺术设计学院

作品名称： 大运新城绿道景观设计·会呼吸的绿道

设计人： 寇兴虎

指导老师： 许慧

评委评语： 作品的综合分析内容全面、丰富，充分理解地方性条件，体现了对场地性生态、环境和资源问题的关注。提出了问题和解决的对策，但方案中表达并不充分，节点设计只有语言的表述，缺少图形化的表达，手绘图纸艺术表现太弱。

规划设计没有很好地体现主题立意，如规划设计的绿地系统结构单一。景观节点、绿道设计缺乏新意、亮点。图面表达效果一般。

该设计对场地及周边地区环境要素的综合分析与评价恰当，针对现状存在的问题提出了相应的对策，地方性设计条件的把握和理解较为准确；总体布局合理，节点安置具有韵律，空间联系精密；对生态、乡土文化施行了保护和有效的利用，很好地做到了可持续发展；方案极具创新性，无论是设计理念还是设计手法无处不体现出创新与生态；绘图表现技巧较强，尺度把握强，色彩运用较好，透视存在一些问题，图面艺术效果表现较好。

■作品编号：X301

学校院系名称：福建农林大学艺术学院

作品名称：25℃城市生态保湿设计

设计人：陈珠

指导老师：郑洪乐

评委评语：本案是围绕如何提高城市的绿化覆盖率进行的探讨，设计中对场地及周边各要素的分析和评价较为充分，针对场地中存在的问题，提出了多样化的处理方法；总体设计尺度感基本合理；方案中充满了对于自然和城市问题的关注；针对场地提出的解决方案也有良好的借鉴性和应用价值；图画表达清晰美观。

保湿设计是一个很少提到的设计思考，在景观中几乎没有考虑，视角很独特。但是从该作者的设计概念来看，如何体现"湿"这一目的，又是通过何种"保"来实现，从阐述来看并不具备说服力。那么这样一来，如何区分"保湿"和"立体绿化"，"保湿"又如何开展？

该方案所提出以25℃城市生态保湿为由的设计，通过城市基地等综合因素分析，污染综合因素分析之后，得出设计概念。提出雨水收集法，利用建筑外墙面，通过植物生长袋生长植物来达到保湿目的，从而建立城市立体生态。方案规划推理与分析有逻辑性。但不足之处：总归要面对现实，对于现实的问题考虑太少；绿化品种，绿化的生长发规律，绿化的延时性，等等问题。说明设计者的知识范围有限，仅仅局限在建筑与绿化方面，是一个自我欣赏的理想设计。

■作品编号：X302

学校院系名称：福建农林大学艺术学院

作品名称：光合屋顶——教学楼屋顶景观改造设计

设计人：张娟

指导老师：郑洪乐

评委评语：作者对建筑景观的生态型做了广泛调研，结合项目当地的自然环境和气候条件展开设计，表明作者对绿色建筑和校园环境的关注，方案还解决了屋顶绿化与绿色建筑融合的问题，但是图纸表现不尽理想，造型的演变有些牵强。

对于屋顶花园来说，尤其是改造，首先需要确定屋面的荷载是否能达到要求，包括排水、渗漏等方面都需要先做好分析，作品对这些内容没有交代。作品对屋顶改造提出了环保设计理念，手法具体；整体空间布局合理，空间形式感强，设施设计体现了对人性化的关怀。图文表述清晰，图面效果较好。

■作品编号：X305

学校院系名称：福建农林大学艺术学院

作品名称：湿生——城市临时性空间生态化景观设计

设计人：柳荧

指导老师：郑洪乐

评委评语：方案中各项分析较为细致，图面表达清楚，表现力也很强，但对于城市废弃地的传承性利用欠缺。

作品对场地做了较细致的分析，从生态角度入手，来解决城市发展中出现的环境污染问题。立意明确，交通组织灵活流畅，功能分区相对合理，图片比例色彩较协调。但设计表达力不够，缺乏亮点和重点，略显苍白。

该课题对场地分析、方案设计缺乏逻辑性与创新性，构思缺乏想象力。功能布局过于注重形式感而导致表现单一。

■作品编号：X306

学校院系名称：福建农林大学艺术学院

作品名称：水木青华——废弃游泳池休闲景观空间改造

设计人：毛玲珊

指导老师：郑洪乐

评委评语：该作品空间组织紧密，设计手法充分，有些细节部分设计欠考虑，图面表现效果一般。

方案没有将旧游泳池解放出来，改造方案有待推敲，特别是空间围闭，缺少参与性。

■作品编号：X331

学校院系名称：天津美术学院环境艺术设计系

作品名称：循环经济发展模式下的鱼塘规划设计

设计人：王超 张浩 马鸾 刘鹤 鲍文芳 陈青

指导老师：龚立君 王星航

评委评语：本案围绕新型鱼塘的设计进行了探讨，设计对场地及周边各要素进行了充分的调研和分析，针对场地中存在的问题，提出了较为客观的处理方法；总体设计尺度感较好，整体关系协调完整；方案中充满了对于自然和人文问题的关注，设计题目切入点新颖，值得我们今后更多地关注和研究；针对场地提出的解决方案也有良好的借鉴性；图面表达清晰美观、图文比例较为合理，不失为一个好的设计。

一个"小题"如此"大做"体现了作者对于社会现状一些细微问题的思考，表达了作者对于循环经济下设计思路的一些探索。虽然平面简单，但是背后的一些前期研究和分析是非常重要的。整套方案图面清爽、图纸表达清晰，体现了作者良好的设计思维绘图能力。

该方案属于渔业旅游开发项目。对该项目进行了场地现状的分析评价与规划，制定了设计原则。在景观设计上，解决了景观节点中特殊环节——水岸设计，人与水和睦相处的设计（木栈道，观景台）。建筑造型设计能力较好。为旅游而搭接建筑，临水建筑应该考虑安全因素。在景观规划中，没有考虑到旅游的基本路线和旅游的特点。总体功能空间布局中，接待建筑的布置不合理，应设在入口处。

■作品编号：X340

学校院系名称：西安美术学院建筑环境艺术系

作品名称：西安交通大学医学院第一附属医院景观规划

设计人：李纪红 邵宾 马莉莉 刘琳 刘方达

指导老师：孙鸣春

评委评语：该作品空间组织合理，作品设计感强，创新以及探索方面突出，稍显不足的是缺乏一定的细节。

方案亮点在于运用心理学、色彩学等原理，分析了医院景观的特殊性。规划方案合理，空间理解深入，尺度合理，效果良好。

■作品编号：**X348**

学校院系名称：西安美术学院建筑环境艺术系

作品名称：广东省顺德市乐从镇大禹山菊荫园改造

设计人：李放　付必正　李新梅　窦佳璐　宋继涛

指导老师：李喆

评委评语：方案设计对于鸟类栖息地的探索更多地停留在概念层面，没有从景观层面提出更好的解决办法，对于人与自然的和谐相处问题做了一定的探讨，但深度较弱，概念性较强，图面主题不突出。

作品没有注明题目，是对于祭祀空间与生态区域保护结合的探讨，设计议题新颖，设计定位合理，将重点放在自然生态保护方式上，总体布局在充分的现场调研基础上完成，相对合理，但缺乏对过渡区域的形式探讨，图面表现效果好，色彩和谐，重点突出，但严重缺少关键字、标题、说明文字注释，影响设计表达。

■作品编号：**X370**

学校院系名称：哈尔滨工业大学建筑学院景观与艺术系

作品名称：交融·演替——黑龙江中俄生态文化旅游岛景观规划与设计

设计人：李文娇

指导老师：邵龙

评委评语：方案对场地及其周边地区的自然、社会、经济、历史文化等要素分析详细，场地的空间功能分区合理。景观形式生成的母体文化概念也进行了较深入的思考，但设计的景观形式并没有表达出文化的意象，图纸的表达草率。

方案在旅游的大背景下，通过对场地现状特征的翔实分析与评价，提炼出"生命演进"的深刻内涵，并将这一理念贯穿于整个旅游岛的规划设计中。构思上具有一定想象力，颇具特色。规划设计内容丰富，表述清楚，图面表达总体和谐。

作品对场地的周边环境进行了细致的分析，对场地特征的理解深刻、把握准确。案例注重生态设计，对场地生态的考虑和表现突出，关爱自然和环境，设计内容表达清晰、细致，文字说明简练，图文比例得当。

■作品编号：**X371**

学校院系名称：哈尔滨工业大学建筑学院景观与艺术系

作品名称：唤醒·新生——哈尔滨老道外中华巴洛克街道景观保护与更新设计

设计人：李璇

指导老师：吕勤智　曲广滨

评委评语：该作品空间布局合理，对环境理解充分，设计手法新颖，对历史文脉有独到理解，图面效果强。

分析严谨，特别是图形符号形象生动，概念明确。方案整体性强，带状空间层次丰富，立面及设施设计不失细节，景观气氛很足。图面效果较好。

■作品编号：**X372**

学校院系名称：哈尔滨工业大学建筑学院景观与艺术系

作品名称：黑龙江省横道河子镇历史建筑保护与景观设计

设计人：王璇

指导老师：金野

评委评语：本设计对地域文化元素进行了关注，设计中主要探讨了如何保护和重建地域性建筑，拓展和延续历史建筑的外观和功能进行了详尽深入的探讨；设计中对场地要素进行了较为充分的分析和评价；空间尺度感较好，造型较为美观，设计内容充分、细致，内容饱和，设计有一定的借鉴和应用的价值；设计中图面清晰、美观、详略得当，不失为一个好的设计。

该方案从场地、历史和建筑几个方面着手，很好地考虑到作为历史建筑在保留其特质的前提下如何让其焕发新的生命力。不足之处在于前期研究和分析还是不够全面和系统，如能在这方面更多着墨，那么在方案的合理性上面就更具说服力。版面不符合大赛要求（由主办单位裁决是否可以参赛）。该方案以历史题材为对象的历史建筑保护与旅游开发的规划设计。方案的前期准备工作做得非常充分。规划设计理念正确，功能分区合理；景观建筑设计效果充分体现了本土文化和地域特色，设计表现能力也很好。但不足之处：1.规划：人车行走路线混淆。2.没有体现保护建筑面积与新建建筑面积是多少。3.内容表述不够清楚。版面上有些图的出现，缺少文字说明。如爆炸图，应该简单地说明每一个碎片的意义；还有爆炸图下面的图，不知是新设计的建筑还是改造的建筑。

第三部分：部分获奖作者访谈

奖项编号及名称： X047荣誉奖/最佳选题奖
作品名称： 滤岛——唐家桥污水处理厂景观再生设计
作者及毕业院校： 四川美术学院设计艺术学院　陈浩、黄子芮

学生时代的最后一个作品，能够得到各位老师及业内前辈的认可，我深表荣幸。作为一个热爱景观设计的应届毕业生——或者初出茅庐的设计工作者，拓宽视野，在交流中分享自己的心得，对于设计这个创新、发散、开放的学科，是一件很有意义的事情。感谢主办方给了我们这个展示自我、交流学习的平台。感谢曾给予支持的老师及朋友。愿与坚持在设计苦旅上的同仁共勉。

自我描述：爱艺术。爱设计。时常幻想但是脚踏实地。做事严谨，有忍耐力。

1.你作品的设计理念是什么？这些设计理念是如何表达出来的？

对即将废弃的厂区进行改造及扩建，一方面，要考虑其环境的适应性。即基地改造后是否能被当下乃至未来的城市环境所接纳，它的存在，不再是城市的负担，而是城市新陈代谢的重要"器官"。另一方面，则要兼顾场所精神与城市记忆之间的联系。对于一个运营14年之久的污水处理厂，人们虽然诸多抱怨，而厂区所传达的场所精神以及给城市留下的视觉记忆，都将成为宝贵的历史标本。我们设想出这样一个城市公共空间——它将该区域部分污水自我消化并将其转化为景观资源，再生城市中心湿地景观，扩展宜人的休闲尺度，带着基址的文脉展开一个更易被城市人群接纳的可持续性场所。这个场所，我们叫它"滤岛"。

2.你认为设计过程中最关键的环节是什么？

对环境的设计，最终要回到人们能够直观感受的三维空间。而我们的设计中，很大一部分也是对下沉空间的竖向连接转换进行探究，所以，我认为，设计过程中，最关键的环节在于对空间的理性推敲。

3.谈谈你最喜欢的景观设计师或景观设计作品。你认为好的设计必备的要素是什么？

日本建筑师丹下健三（KenzoTange）曾说"虽然建筑的形态、空间及外观要符合必要的逻辑性，但建筑还应该蕴涵直指人心的力量。"我很喜欢这句话。虽然这是对建筑而言，但我认为，景观设计同样如此。一个好的设计作品，必然需要内在的合理性，但在此之上，我们还需要那种"直指人心的力量"。

4.你认为中国的城市发展最大的挑战是什么？你的设计能够解决城市发展中的哪方面问题？

我认为中国城市发展最大的挑战在于如何减少重复建设开发对环境的损害及资源的浪费。在我们的设计中，也是立足于城市规划中的历史遗留问题，对城市中央居住区的污水处理厂遗址进行改造及扩建，使其成为一个可持续的功能性场所。合理利用资源，在一定程度上减少了对环境的损害。

5.你认为设计者在中国的快速化城市进程中应承担哪些责任？

作为设计者，广泛的关注是我们始终都要坚持的原则。带着人们关注的问题去思考设计，才能真正为城市的发展提供有效的支撑。设计者的责任，除了对环境的尊重，对文化的传播等之外，便是更多地去发现这些支撑。

6.2011年北京大学建筑与景观设计学院国际论坛的主题为"设计的生态"，你怎样理解"设计的生态"或"生态设计"这一概念？

我认为，自然的生态系统本是一个无需设计的统一体。设计的生态则是人类在创造自身所需环境时，所应该考虑的原则。人工化的景观营造，或多或少对自然的规律有所影响。这种影响具有威胁性还是辅助性，是我们需要探究的问题。能源的投入与功能的实现是否平衡？生物繁衍生息的环境是否会被破坏？建设的成果是否能可持续地保持……设计的生态便是要对这些问题进行有效的控制。

7.你如何看待在校期间参加此类竞赛？参加这次活动，你有何收获？

通过竞赛，我们可以看到更多优秀的作品，并能从诸多作品中发现不同的思考方式。参加这次活动，能和全国的同学在一个平台交流，并能得到业内前辈们的耐心点评，从而认识自己的不足，在不断学习中进步。

8.请你就参加"全国高校景观设计毕业作品展"的过程中的感受和遇到的问题，给组委会提出你的宝贵意见和建议，以便我们不断完善和优化这个活动。

建议对参赛作品的媒介不仅限于展板的形式，比如（动画、模型）等，当然，这对参赛作品的收取和统计也有一定难度。

奖项编号及名称： G121荣誉奖|最佳选题奖|最佳设计表现奖
作品名称： 北京朝阳公园边界渗透性改造设计
作者及毕业院校： 清华大学美术学院　郝培晨

我是清华大学美术学院2011年的毕业生，郝培晨。非常荣幸能够在全国高校景观设计毕业作品展中获奖，也非常欣慰地看到自己的毕业设计得到了设计专家、老师们的肯定。在这里我要感谢全国高校景观设计毕业作品展组委会给予我这份荣誉，感谢我的导师方晓风副教授给予我的悉心指导，感谢那些在我本科学习中关心帮助我的老师和同学们，是他们让我了解了景观设计的魅力。如今我虽然已经本科毕业，但在行业的道路上我却只是一个小学生，还有太多的知识和道理要向景观设计的前辈们学习。我会更加努力，坚持做一个负责任的设计者，为了能够创造出更加舒适宜人的景观环境而尽一份力。

奖项编号及名称： G062优秀奖
作品名称： 山东胶州市北中轴线景观设计
作者及毕业院校： 福建工程学院建筑与规划系　胡凯凯

大学是一个成长的过程，我们都在这过程中恣意地挥洒情感、追逐梦想。当从辛苦设计到投递成果，再到如今获得了些许成就，我觉得已经没

有什么可遗憾的了。这次毕业设计，让我收获的不只是一个比赛，更重要的是老师的教诲、同学的鼓励。

作为一名普通的本科毕业生，这次设计是我大学生活的终点，也是我工作生涯的起点，我会带着埋藏的梦想，向更远的地方前行。

奖项编号及名称： G057人类关怀奖
作品名称： BACK TO LIFE——户外复健空间概念设计
作者及毕业院校： 广东轻工职业技术学院设计学院　蒋浩杰

作为一名景观专业的学生，有机会参加全国高校景观设计毕业作品展并获奖我感到很高兴，也很激动。谢谢我的父母，谢谢我的老师与朋友一直以来的支持，谢谢！

自我描述：无论身处何处，做好自己是最重要的！

1. 你作品的设计理念是什么？这些设计理念是如何表达出来的？

以"back to life"为设计理念，研究户外复健空间，通过对空间的训练使病伤残者得到最大程度的恢复；以人的感知（生理感知、心理感知）为线索展开一系列的复健空间设计；以简洁的设计概念和开阔视线将户外空间作为一个"可治病景观"的灵魂加以诠释，结合人体工学从无障碍到障碍的一种过渡训练，使病患身体残留部分的功能得到最充分的发挥，让病患重新回到家庭，回到社会，回到工作。

2. 你认为设计过程中最关键的环节是什么？

我认为设计中最关键的环节是对生态的保护与对人性的关怀，设计者应该怀着尊重、平等的态度做出体现细节与关爱的设计方案。

3. 谈谈你最喜欢的景观设计师或景观设计作品。你认为好的设计必备的要素是什么？

我最喜欢的景观设计师——彼得·沃克，最喜欢的景观设计作品是沃克设计的哈佛大学唐纳喷泉。唐纳喷泉以159块巨石组成的圆形石阵，所有的石块都镶于草地之中，以极简主义的设计手法塑造出一种返璞归真的大自然风味，季节的变化更使得喷泉洋溢着一种典雅与情趣。

我认为好的设计必须具备经济、社会、生态、心理、历史、地理、文脉、视觉、空间、功能、材料、技术这12种要素，这些要素是组成景观设计不可或缺的。

4. 你认为中国的城市发展最大的挑战是什么？你的设计能够解决城市发展中的哪方面问题？

"城市发展，首先要考虑低收入人群""城市是继承的，而非推倒重建""旧城改造中所有人都应该成为受益者，这是基本原则"。房屋、就业与城市规划是中国的城市发展的最大挑战。城市化也是未来挑战。数据表明，2020年将有一半的世界人口居住在城市，如何安置这些人口，包括如何处理经济发展过程中的城市改造，这都是发展中国家面临的挑战。我希望能够把城市发展与环境政策相结合，在创造一个可持续、宜居城市的同时，增加就业，刺激经济增长。

爱德华·斯通两次来北京，评价现在中国城市的景观规划：像北京这样一个城市，如果不解决交通问题，20年以后还是这么多人去开车，北京就达不到可持续发展的目的。大型的公共交通网络如果不完善起来，总有建不完的道路，即使建到9环甚至10环，所有的道路还会成为一个大型停车场。

人类社会的进步带来了长夏反应、温室效应、热岛效应等环境问题，多变的气候环境造成的自然灾害频发，对人类社会的破坏，次生灾害所造成的人员伤亡等等。我的设计能解决城市发展中的哪方面问题？我觉得我的设计是对社会福利程度的重视，而社会福利的进步与否又与复健医疗的水准有相当密切的关联。如何让病患（弱势群体）剩下来健全的部分与残留功能发挥到最好的程度，让他能够回到家庭、回到社会、回到工作、回到生活，让他能独立自主地生活，这就是我的设计解决城市发展的实质意义。

5. 你认为设计者在中国的快速化城市进程中应承担哪些责任？

中国的快速城市化萌发了许多新的职业，景观设计也是其中之一。我认为景观设计不仅仅是职业称谓上的创新，而是以眼光为前提对人地关系的由内涵向外的延伸，是意义深远的扩充和革新；最终使人的一切活动与具有生命活力的地球和谐相处。这是我们景观设计者的使命，也是我们的责任！

6. 2011年北京大学建筑与景观设计学院国际论坛的主题为"设计的生态"，你怎样理解"设计的生态"或"生态设计"这一概念？

设计的生态是基于设计而言的，是基于设计的角度如何做到生态，也就是人工的生态，是人类用智慧和技术在创造的第二自然或智能生态系统；生态设计则是在原生态上做出一种尊重大自然、不破坏生态平衡的设计。它们的共同点是设计者的态度与原则，不同点是针对场地所采取的对策。无论是设计的生态或生态设计，我们必须以尊重自然为主，这是我们设计者应持有的态度。

7. 你如何看待在校期间参加此类竞赛？参加这次活动，你有何收获？

我觉得在校期间参加此类比赛可以增长自己的见识，比赛凝聚了全国各高校莘莘学子的优秀作品，每一件作品都是设计者智慧的结晶，体现了各种不同的设计理念、设计风格。这是一个很好的学习平台，集思广益，我通过参加这次活动，了解到许多跨尺度、跨学科的知识，受益匪浅。

8. 请你就参加"全国高校景观设计毕业作品展"的过程中的感受和遇到的问题，给组委会提出你的宝贵意见和建议，以便我们不断完善和优化这个活动。

参加"全国高校景观设计毕业作品展"的过程中，我充分感受到组委会对参赛者的热情与尊重；其中，我对组委会为获奖作品的作者提供"全国高校景观设计毕业作品交流暨高校学生论坛"、"北京大学建筑与景观设计学院国际论坛：设计的生态"，感到非常满意。

奖项编号及名称： G005最佳分析与规划奖
作品名称： 空间的记忆
作者及毕业院校： 南开大学文学院艺术设计系　康菲菲

1. 你作品的设计理念是什么？这些设计理念是如何表达出来的？

本方案立足于对历史街区价值的认同，从城市设计的角度将历史街区空间作为延续城市地域文化的重要途径，从保护与更新的理念入手，结合郑州古镇街区历史背景等相关文献，通过测定街区的边界分维数、空间尺度和空间构型的基本变量，从街区空间的整体、局部和节点三个角度入手，来系统地研究历史街区空间的形态，得出定量参数，并给出规划建议。

2. 你认为设计过程中最关键的环节是什么？

找到并合理地处理项目的核心问题。

3. 谈谈你最喜欢的景观设计师或景观设计作品。你认为好的设计必备的要素是什么？

我没有特定的喜欢的设计师，不过就设计作品来说我非常喜欢佩雷公园。它面积很小，也没运用什么独特的设计手法，但我认为它是一个非常成功的景观作品。因为它发现和改善了城市商业区环境质量差，人与人缺乏交流的这一情况。它投资不高，对场地的改变不大，却给人们提供了一个交流场所，提升了商业区环境质量。同时，它已经融入当地人的生活，成为了商业生活的一部分。

解决人们生活中出现的问题，与周围环境和人们生活相融合以及合理的成本控制，我认为这些就是好的设计必备的要素。

4. 你认为中国的城市发展最大的挑战是什么？你的设计能够解决城市发展中的哪方面问题？

挑战：最大的问题我认为是盲目扩建改建。

解决问题：中国是一个有着悠久文化和历史的国家，在几千年的发展中形成了很多有历史价值的街区。历史街区的保护与更新正在被作为街区研究的专题而受到广泛的关注。现今对历史街区形态的研究方法一般采用的是定性分析法，所谓定性指的是对街区形态演变进程进行图像比较和文字表述等。这种方法虽然形象、生动，但它往往只研究历史街区形态的感性体验，而忽略了街区形态的本质内容。历史街区中的空间关系是在街区人们的生产和生活中逐渐发展形成的，它才是历史街区形态的本质的直接体现者。应当作为历史街区形态研究的主要内容。空间不是一个感性概念，因此定性分析法的感性描述是难以表达其特点的，这时就需要一种全新的研究角度来分析历史街区的空间特点以实现其保护与更新，定量分析法便应运而生。我的设计就是运用定量分析的方法解析历史街区的空间关系，根据分析结果来指导规划设计。

5. 你认为设计者在中国的快速化城市进程中应承担哪些责任？

保护区域文化和自然环境，不因为商业利益的诱惑牺牲和破坏环境，合理开发利用土地，将区域发展与环境保护相结合。

6. 2011年北京大学建筑与景观设计学院国际论坛的主题为"设计的生态"，你怎样理解"设计的生态"或"生态设计"这一概念？

生态设计也就是把设计与自然环境相结合，在设计中平衡人与自然的关系，在尊重自然和保护自然的前提下对环境进行人工干预，使其更好地为大众服务。

7. 你如何看待在校期间参加此类竞赛？参加这次活动，你有何收获？

参加这类竞赛给自己提供了一个和同龄人交流的机会。很高兴自己能够获得一个单项奖，同时也非常感谢评委老师给予的点评，让我认识到自

己作品还有很多不足，我也将在今后的学习和工作中努力学习，提升自己的设计水平。

8. 请你就参加"全国高校景观设计毕业作品展"的过程中的感受和遇到的问题，给组委会提出你的宝贵意见和建议，以便我们不断完善和优化这个活动。

活动办得挺好的，宣传力度和展示效果都蛮好的。就是在网络展览时方案的分辨率再高点就好了，这样就能看到方案的文字描述，不然只看图片的话会影响对同学们作品的理解。

奖项编号及名称： G010人类关怀奖
作品名称： 《连接神经元》
——厦门慧灵智障人士服务中心园区设计
作者及毕业院校： 福州大学厦门工艺美术学院环境艺术系　林茜

1. 你作品的设计理念是什么？这些设计理念是如何表达出来的？

对于智障人士，他们或许不像我们一样目光有神、思维敏锐，然而他们必定和我们一样，希望着美好的生活。没有喧闹嬉戏，没有欢声笑语。厦门的一些残障收容机构给人一种特殊的冷清与破落感，而智障学校更是被社会"遗忘"的角落。我想通过这次毕业设计的机会使更多人关注到这一群体。

由于智力障碍形成的大部分是由于遗传的变异，通过对脑神经元素的提取折射出园内的景观大体形态，运用神经细胞的一种特化连接，分裂、放大、演变、体块提炼、延续、掩护出本案的建筑形象，使其格局识别性。

2. 你认为设计过程中最关键的环节是什么？

我认为在这个设计过程中最关键的环节应该就是对这一特殊群体的调查和了解。因为只有足够而充分的了解，我才能最贴近他们的生活和状态，才能根据他们最需要的做出判断，设计出符合这一特殊群体综合需求的东西。

3. 谈谈你最喜欢的景观设计师或景观设计作品。你认为好的设计必备的要素是什么？

我最喜欢彼得·沃克（Peter Walker）啦。

我很喜欢简洁又不失精彩的设计，他是极简主义园林设计的代表，我觉得不管是谁，当看到他的作品时，大都会被其简洁现代的布置形式、古典的元素、浓重的原始气息、神秘的氛围所打动，这也是他作品的过人之处吧，把艺术与园林的无声结合赋予了作品全新的含义。

我认为好的设计一定要是以人为本的，设计中处处体现对人的关注和尊重，是期望的环境行为模式获得使用者的认同。

4. 你认为中国的城市发展最大的挑战是什么？你的设计能够解决城市发展中的哪方面问题？

我认为中国城市发展最大的挑战应该还是人口贫困化，这个问题在中国的发展浪潮中无论如何都避免不了。我希望能够把城市发展与环境政策相结合，在创造一个可持续、宜居城市的同时，增加就业，刺激经济增长。城市

经营和管理，在快速发展的时候，中国城市实质上缺乏经营管理，所以，今天不管北京、上海房价有多高，它的堵车、它的基础设施、它的空气都不能满足我们的要求，尽管房价还在涨，但是城市设施都大大滞后了。

我的设计中运用到了大面积的绿化，当越来越高的人口密度、飞速增长的机动车排出的大量二氧化碳、密度极高的高层建筑、众多的玻璃幕墙折射的太阳辐射不断地对环境产生极大污染时，屋顶绿化的推广是极为迫切的需求。我寻求一种生态设计，生态设计为我们提供了一个统一的框架，帮助我们重新审视对景观、城市、建筑的设计，以及人们日常生活的方式和行为。简单地说，生态设计是针对自然过程的有效适应和结合，它需要对设计途径给环境带来的冲击进行全面的衡量。

5. 你认为设计者在中国的快速化城市进程中应承担哪些责任？

我觉得设计本身就是一项从社会到个人都应该得到愉悦的事，共同愉悦的前提，首先建立在设计师的责任意识里。设计行业提倡的可持续发展和低碳生活，实际上需要设计师去引导。比如说空间的设计，是个需要这么大的楼宇，这么大的空间？将来他们会耗费多大的能源和资源？这些可持续发展在中国的未来，是需要设计师不断地推广，需要设计师不断地去认识。设计不仅仅是从前解决问题、增加附加值，去创造价值和美化生活之外，更需要意识到城市和人类未来的发展。

6. 2011年北京大学建筑与景观设计学院国际论坛的主题为"设计的生态"，你怎样理解"设计的生态"或"生态设计"这一概念？

原生之态，顺应无为。

7. 你如何看待在校期间参加此类竞赛？参加这次活动，你有何收获？

我很珍惜每一次的竞赛，这次活动让我获得更多与同学们的交流机会，受益匪浅。

8. 请你就参加"全国高校景观设计毕业作品展"的过程中的感受和遇到的问题，给组委会提出你的宝贵意见和建议，以便我们不断完善和优化这个活动。

我觉得宣传力度还不够，奖项的设置可以更多元化一点。

奖项编号及名称： X289人类关怀奖
作品名称： "殇城·重生"舟曲泥石流遗址景观规划设计方案
作者及毕业院校： 西北农林科技大学林学院艺术系　刘中长

我很荣幸获得了第七届全国高校景观设计毕业作品展优秀奖和人类关怀奖，在此表达对导师陈敏敏教授、刘艺杰教授的感激之情。

回想设计过程中，酸甜苦辣，但我坚持笑到最后。前期的舟曲实地考察时，"阴暗、破碎"的感觉让我内心恐怖，众多的援建队伍让又我看到了舟曲美好的明天；在校的我，一直在思考如何表达出舟曲美好的明天，也要保护好重点遗址区域。数月的时间，面对的是电脑，心想的是舟曲，话说的是设计……

毕业展时，看着自己的作品感觉欣慰，自己的毕业答卷，这里面不单单是毕业设计，更多的是自己对大学生活的总结，还有对舟曲的美好祝愿。

1. 你作品的设计理念是什么？这些设计理念是如何表达出来的？

我的设计理念是将8·8舟曲特大泥石流灾害现场，按照"原真保护、艺术再现、尊重逝者、鼓舞后人"的思路，规划成为一座集追思纪念、科学研究、爱国教育、城市防灾、生态警示、科普旅游于一体的自然与文化遗址，打造具有国际知名度的泥石流遗址景观。

设计表达：整体设计突出其重点是遗址景观，把原真保护的遗址景观区域布置于整个规划区域的中心位置，并用架桥横穿于遗址区域内，将遗址保护与景观效果相结合。在设计的重点区域布置了纪念馆建筑，可作为追思纪念、科普旅游、爱国教育等场所，建筑的形势取材于泥石流的形态，并且向下延续与景观设施相结合。其他区域布置了"城市广场"、"湿地景观"、"观景平台"、"生态防护林"等多处景观节点，与主体遗址景观相呼应，并完善规划区域的功能性。

2. 你认为设计过程中最关键的环节是什么？

我认为设计过程中最重要的环节是设计前期的考察、资料的搜集。

3. 谈谈你最喜欢的景观设计师或景观设计作品。你认为好的设计必备的要素是什么？

我最喜欢的景观设计作品是广东中山的岐江公园。

我认为好的设计必备的要素：整体设计中有主旨体现；体现出文化气息；衔接好周边环境；注重景观的多重功能性；尊重自然。

4. 你认为中国的城市发展最大的挑战是什么？你的设计能够解决城市发展中的哪方面问题？

我认为中国的城市发展最大的挑战是城市建设的盲目性。

我在设计时考虑到舟曲城市的发展，统筹规划，做好周边环境的衔接，并做了城市用地状况的分析，避免盲目建设的情况；综合考虑到舟曲地质条件较差，设计中增加了防护林、城市绿地的面积，较好地解决了城市发展与自然衔接的问题。

5. 你认为设计者在中国的快速化城市进程中应承担哪些责任？

我认为设计者在中国的快速化城市进程中应承担文化的传承与保护、尊重自然生态的责任。

6. 2011年北京大学建筑与景观设计学院国际论坛的主题为"设计的生态"，你怎样理解"设计的生态"或"生态设计"这一概念？

"设计的生态"或"生态设计"这一概念，我的理解是这是设计理念的一种升华，"生态设计"更加注重了生态，而非盲目设计，以人为本，将自然与人居社会更加完美的结合。

7. 你如何看待在校期间参加此类竞赛？参加这次活动，你有何收获？

我认为在校期间参加此类竞赛是非常有意义的，是一个很好的学习交流平台。我感觉自己最大的收获是自己的设计眼界得到了很大提高，经过专家的点评认识到了自己所设计的作品还有诸多问题，为我的设计之路指明了道路。

8. 请你就参加"全国高校景观设计毕业作品展"的过程中的感受和遇到的问题，给组委会提出你的宝贵意见和建议，以便我们不断完善和优化这个活动。

我感觉作品展的后期宣传很到位，但前期征集作品期间宣传还不够，可以在各大高校内以张贴海报等形式加大宣传。

奖项编号及名称： X074人类关怀奖
作品名称： 新生代农民工廉租社区规划设计
作者及毕业院校： 江南大学设计学院　钱岑

1.你作品的设计理念是什么？这些设计理念是如何表达出来的？

我的作品是为新生代农民工设计租赁型集合住宅区，通过多变的公共空间创造出适合他们的生活社区，既满足居住的基本需求，也可以通过一些设计影响到他们的生活方式，使他们在社区中互帮互助，共同奋斗，对未来充满希望。

在此设计中，我首先分析了新生代农民工的行为心理状况，然后总结出四个主要的特征，然后提取了希望、互助交流、健康三个设计主题词，接着引申出特色建筑表皮，内聚向心，丰富的外部空间和自行车道这四个设计特色来表现主题，最后将这些设计特色融合到一体，并细化成为一个完整的设计作品。

2.你认为设计过程中最关键的环节是什么？

我觉得是做手工模型，通过做分析模型可以非常直观地感受到尺度，对于把握整体是极好的方法。我以前只用电脑做过分析模型，而这次采用了手工模型，不仅效率比较快，而且可以辅助思考，发散思维。这次收益颇多，以后肯定会继续采用这种方法。

3.谈谈你最喜欢的景观设计师或景观设计作品。你认为好的设计必备的要素是什么？

我最喜欢的景观设计作品是位于纽约53号街的佩雷公园(Parley Park，1965—1968)，也称为袖珍公园，设计者泽恩在42×100英尺（12.8×30.5m）大小的基地尽摊布置了一个水墙，潺潺的水声掩盖了街道上的噪声，两侧建筑的山墙上爬满了攀援植物，作为"垂直的草地"，广场上种植的刺槐树的树冠，限定了空间的高度。树下有一些轻便的桌子和座椅，入口的小商亭还提供便宜的饮料和点心，对于市中心的购物者和公司职员来说，这是一个安静愉悦的休息空间。在城市的角落设置这样的区域是很有人情味的空间，面积虽小，但极精致。我认为好的设计作品应该充分考虑使用者的感受，与周围环境相融合，并能引导人们在空间中自发地进行活动。

4.你认为中国的城市发展最大的挑战是什么？你的设计能够解决城市发展中的哪方面问题？

中国现在是一个大工地，很多国外的设计师都想在中国的土地上施展手脚。中国处在大规模建设与城市同质化的矛盾境地，一方面需要大量进行基础设施建设以满足人民基本需求，另一方面大量相似的建筑、景观出现，使得城市缺少了自己的特色，结合传统文化的设计少之又少。我的设计关注的就是第一个方面，城市中的边缘人群——新生代农民工，设计住宅来满足他们基本的居住需求。希望通过我的设计使得大众关注这样的一群人，因为人人都有居住的平等的要求。

5.你认为设计者在中国的快速化城市进程中应承担哪些责任？

设计者应该具有强烈的社会责任感，不只是为有钱人服务，设计高档的建筑和景观，而是能更多地关注普通民众，为他们设计宜居的环境。设计者也是传统文化的传播者，中国现在极缺少能够完全表现传统文化的新建筑形式和景观形式，几千年的文化就停留在古建筑古园林中，并没有充分地得到传承，这是值得新时代的中国设计者反思的问题。

6.2011年北京大学建筑与景观设计学院国际论坛的主题为"设计的生态"，你怎样理解"设计的生态"或"生态设计"这一概念？

在我看来，生态设计是结合生态技术和生态学的知识进行的科学的设计手法，而设计的生态包含有文化的可持续性以及人性关怀的含义。

7.你如何看待在校期间参加此类竞赛？参加这次活动，你有何收获？

在校期间能参加的设计比赛并不多，每参加一次比赛，我都会认真对待，这不仅是一次和外校同学交流的机会，也是展示个人和学校的机会。这次活动是全国性的比赛，评比的是毕业设计，对我来说是最重要的。毕竟是将近四个月的心血，也是本科阶段的总结。我看到了外校老师对我的作品的评价，也看到了其他优秀的作品，是一次终生难忘的机会。最后能有幸获得单项奖，是老师们对我的肯定，也感谢我的导师史明老师悉心的指导，我将会永远记住这段美好的记忆。

8.请你就参加"全国高校景观设计毕业作品展"的过程中的感受和遇到的问题，给组委会提出你的宝贵意见和建议，以便我们不断完善和优化这个活动。

在参加的过程中各项说明都挺详细的，没有什么问题。

奖项编号及名称： X071想象与超越奖
作品名称： 都市里的艺术村落
作者及毕业院校： 江南大学设计学院　唐敏

1.你作品的设计理念是什么？这些设计理念是如何表达出来的？

a 我的设计理念是引导人们发现隐藏在城市中的市井文化，突出地域特性，营造一个能让人们远离现代大城市浮华气息，回归自然，找寻隐藏在人心本身的纯真与自然的舒适休闲空间。

b 在设计中，多以柔软细腻的曲线划分空间和构筑物，给人放松、亲切的感觉，将自然山体融入现代广场，街道小空间与广场大空间形成对比、参差错落。让人们有更加丰富的体验，带给人们一种寻找美、发现美的惊喜感。采用自然的材料制作公共设施，给人更加纯粹的自然体验。植物自然围合让人远离喧嚣，沉淀心灵。

2.你认为设计过程中最关键的环节是什么？

我认为设计过程中最关键的环节就是对基地进行详细深入的分析、体会，并且根据基地的现状提出问题，寻找解决问题的方法。一开始的定位就要准确、目标明确。

3.谈谈你最喜欢的景观设计师或景观设计作品。你认为好的设计必备的要素是什么？

a 我比较喜欢的是美国纽约高线公园的景观设计，高线公园是回收再利用高架铁路建成城市公园，将保护与创新相结合，既具有城市特性，同时也为在城市中开辟了一片净土，为野生动植物提供了一个良好的栖息地，为人们带来一处舒适的休闲场所。

b 我认为好的设计是真正的以人为本，从人们的日常生活所需出发，为人们创造舒适的理想空间。能很好地把控基地原有特征，真正将城市建设与发展融入生活与自然，而不是一味的破坏与重建。

4.你认为中国的城市发展最大的挑战是什么？你的设计能够解决城市发展中的哪方面问题？

a 我认为中国城市发展速度是很快的，为了跟上发展，越来越多的城市只注重加快建设步伐，导致城市文化流失。地域特性消失，越来越多的效仿和模仿，使城市披上统一着装。过度现代化建设忽略历史遗迹、过度开发大自然、破坏生态。浮华的城市表象已经让人们慢慢迷失。

b 我的设计是希望唤醒人们内心真正的需求，将现代化城市建设与自然、生态相结合，结合基地本身特性创造独具风格的新天地，让人们远离浮华，内心得到释放。避免城市建设中的雷同和过度开发。

5.你认为设计者在中国的快速化城市进程中应承担哪些责任？

设计者服务于大众，设计也应来源于生活。在中国的快速化城市进程中设计者不应盲目追风，他对城市的建设有辅助作用，设计者应先觉城市发展的趋势，推动城市的建设，而不是掩埋过去。

6.2011年北京大学建筑与景观设计学院国际论坛的主题为"设计的生态"，你怎样理解"设计的生态"或"生态设计"这一概念？

"生态设计"注重自然环境与生态的平衡是首要的。其次我认为生态设计也代表着可持续设计，生态设计不应只是一时的口号，生态设计可以是对过去历史的一种总结，对现状的审视，对未来发展的规划和展望，不仅仅是针对现状，这样更具有意义，也更加环保。

7.你如何看待在校期间参加此类竞赛？参加这次活动，你有何收获？

我觉得这是很好的机会，是个展示自己的平台，同时也能将自己的设计理念与更多的人分享交流。通过评委老师的点评，能更好地、充分地了解自己在设计中的长处与不足。

8.请你就参加"全国高校景观设计毕业作品展"的过程中的感受和遇到的问题，给组委会提出你的宝贵意见和建议，以便我们不断完善和优化这个活动。

我觉得在网站上可以设置学生互评，不仅仅是评委，这样能更好地促进同学们之间的交流，也能促进各大院校之间的交流。

奖项编号及名称： X114最佳选题奖
作品名称： 城市旮旯空间
　　　　——苏州十全街街景及旮旯空间的景观再利用设计
作者及毕业院校： 苏州大学金螳螂建筑与城市环境学院　王子璇

第一次参加全国性的大赛就能获奖，内心的激动难以言表。首先感谢严晶老师帮助我选择了独到的设计选题，我的成绩离不开她的悉心指导。其次感谢大学四年给予我知识和关怀的苏州大学以及我的学院金螳螂建筑与城市环境学院，在这里我度过了人生最为难忘与充实的时光。再次要感谢我的父母，他们无私的爱给了我前进的力量和支持，最后感谢所有帮助过我的人们，谢谢你们让我成为最好的我。

自我描述：爱熬夜赶图，爱音乐和影像，爱旅游和美食，爱完美主义，有点小粗心，典型狮子座的新疆姑娘。

1.你作品的设计理念是什么？这些设计理念是如何表达出来的？

我对十全街景的设计理念为"城市——人文——宜居"，设计主题为"一条十全街，清绣姑苏城"。反映了现代人对中国古典文化的溯源和力求传承的心态，也反映出当代人对高质量都市生活的追求。我以苏州十全街为例，在人多地少的情况下探索新的街景和旮旯空间的景观再利用设计。我对该设计主题的广义理解是十全街做针线，绣出苏州城市处处江南的唯美景象。

有诗云"针线绣出城中车水马龙，城外古道杨柳依依"。于是狭义上的理解就暗含了十全街的设计理念"城市——人文——宜居"，即用水和植物等为造景元素和苏州古典文化元素如丝绸、苏绣、粉墙黛瓦、花窗、吴侬软语等设计街景和旮旯空间，力图营造出苏州的悠久文化和新生气息。"清绣"二字，拆分开是"水、青、丝、秀（绣）"，也正反映出，苏州是一座山水秀美的丝绸古城，设计旨在用温婉的流水、茂盛的植被结合丝绸和双面绣等苏州特色元素设计出独具特色的街景。

2.你认为设计过程中最关键的环节是什么？

我认为是前期调研和充分考虑设计与文化的协调这两个环节。前期的多次实地调研和查阅资料，能让我在这个过程中，慢慢对选题有从浅至深的了解。每一次实地调研都能发现新的问题。另外我还去了厦门鼓浪屿的龙头路进行了成功案例的实地调研对比，这也给予了我的设计很多启发和灵感。另外，我认为方案中要充分考虑设计与文化的协调，城市景观设计尤其是我这样的以历史古城街道作为基地的设计，脱离了文脉，就是空谈。我认为，文化相当于是设计的思想，没有文化内涵的设计，我认为是没有生命没有思想的设计，是不会有可持续发展性的设计。

3.谈谈你最喜欢的景观设计师或景观设计作品。你认为好的设计必备的要素是什么？

因为在苏州读书的原因，去的最多的、感受最多的是贝聿铭先生设计的苏州博物馆。除了主建筑之外贝先生还设计了一个主庭院和若干小的内庭院，布局精巧，与周边建筑和环境相适宜，置身其中给人非常舒适的感官享受。我最喜欢的是北墙下的片石假山。这种"以壁为纸，以石为绘"，别具一格的山水景观，呈现出清晰的轮廓和剪影效果，仿佛与旁边的拙政园相连，新旧园景笔断意连，巧妙地融为了一体。

好的设计必备的要素：协调舒适，具有可持续发展性，原创性，有思想。

4.你认为中国的城市发展最大的挑战是什么？你的设计能够解决城市发展中的哪方面问题？

我认为是人们日益增长的对空间要求与可用土地资源的稀缺之间的矛盾的问题。

我的设计中充分考虑和利用城市街道中的旮旯空间，甚至垂直空间等，对其进行景观和功能上的再设计利用。这样重新规划和利用城市街道的闲置空间并对其进行美观和实用性的改善，可以说是"扩大"了城市居民的可用空间，更好地利用有限的空间为城市和居民造福。

5.你认为设计者在中国的快速化城市进程中应承担哪些责任？

首先应该是环境保护的责任。设计者的作品的切入点应该是基于环境保护的。只有注重大自然的原有规律，人类才能与地球和谐长久的共生。其次是注重城市的可持续发展的责任。这里所说的可持续发展性一方面是指要注重环境上的可持续发展。另一方面，设计者也应该考虑到设计作品本身的可持续发展性，作为城市景观设计或规划师，其作品应该经得起时间的考验，在追求创新和自我风格的同时，应该充分考虑到作品是否与当地人文经济相适应。这样，才能做出经典的作品。否则，生命力短暂的作品只会是浪费资源的败笔，既不环保，也没有可持续发展性。

6.2011年北京大学建筑与景观设计学院国际论坛的主题为"设计的生态"，你怎样理解"设计的生态"或"生态设计"这一概念？

生态设计就是用生态二字来规定设计，意思就是此类设计必须做到生态性、环保性和可持续发展性的考虑。在工业高速发展，城市化脚步越来越快的今天，人类的生存空间的延续性与生态环境有着紧密的联系。作为城市景观设计师，更加有责任在设计中更好地考虑到这一点。这次论坛的主题是非常有意义和讨论价值的，生态性设计是每一位设计者必备的素质。

7.你如何看待在校期间参加此类竞赛？参加这次活动，你有何收获？

我认为，大学生在校期间，有机会就应该多参加这类的竞赛。我这次也是抱着试一试的心态参加的，得奖之后，觉得自己的作品得到了业界的鼓励和肯定，也更坚定了自己的信心。我认为，此次获奖给予了我非常大的鼓舞，我不但在大赛中学习到了其他选手过人之处，更深化了对自身不足的认识，最重要的是此次的认可让我更加坚定了专业路上的发展。

8.请你就参加"全国高校景观设计毕业作品展"的过程中的感受和遇到的问题，给组委会提出你的宝贵意见和建议，以便我们不断完善和优化这个活动。

第一次参加大赛，组委会的联系老师很有耐心地解答了各种问题，回答得也很周到细致，希望这个活动越办越好！

奖项编号及名称： G023优秀奖
作品名称： 桑干记忆·渗透·延续——山西省山阴县桑干河安荣
乡段湿地景观规划
作者及毕业院校： 河北省燕山大学艺术与设计学院　谢新昂、唐
琳、贺宁

很幸运能有机会参加这次大赛，很荣幸能够获得到这个奖项。

选择了就不会害怕，当我们决定要参加这次大赛的时候，内心的设计冲动胜过了一切，大赛给予我们团队的不仅是一个奖项，更重要的是比赛过程中的讨论、定稿、修改、再讨论、再定稿、成型，更感谢李冬老师一步步的细心指导才让这一切的步骤顺利地进行，并让我们看到了未来的景观之路。

奖项编号及名称： G116荣誉奖l最佳场地理解与方案奖
作品名称： 融森
作者及毕业院校： 江汉大学现代艺术学院　杨明

1.你作品的设计理念是什么？这些设计理念是如何表达出来的？

设计理念：将景观融入到建筑，建筑融入自然，做可持续性景观设计。通过对基地的准确定位与了解，然后结合设计理念，在接下来的设计中始终将这一理念贯穿其中。

2.你认为设计过程中最关键的环节是什么？

明确自己方案的设计理念，始终提醒自己在这一理念前提下，方案中还需要完善哪些部分。

3.谈谈你最喜欢的景观设计师或景观设计作品。你认为好的设计必备的要素是什么？

最喜欢的景观设计师或景观设计作品其实目前还没有，感觉自己目前的阅历甚少，需要从诸多优秀的景观设计作品中学习的东西还有很多。好的设计：首先是应该切实符合人的使用需要，乃至一个小区、一个城市；其次是满足与提高大众的审美要求。

4.你认为中国的城市发展最大的挑战是什么？你的设计能够解决城市发展中的哪方面问题？

最大的挑战是城市不断扩大，占用土地农田、砍伐森林，绿化环境与生态平衡却得不到足够的认识，人们的生活环境质量不容乐观。我在设计中采用的屋顶绿化手法，在一定程度上缓解城市绿化率的不足，并通过节能设施，降低资源的消耗。

5.你认为设计者在中国的快速化城市进程中应承担哪些责任？

在满足国家相关设计规范的前提下，尽自己最大的努力，让自己的设计最大化满足环保、绿化与节能的要求。

6.2011年北京大学建筑与景观设计学院国际论坛的主题为"设计的生态"，你怎样理解"设计的生态"或"生态设计"这一概念？

我的理解生态设计应该是注重设计与生态环境的完美融合，即设计产生的对生态环境与生态平衡的破坏最小化，甚至是设计的产生在一定程度上还能够修复与完善生态环境。

7.你如何看待在校期间参加此类竞赛？参加这次活动，你有何收获？

个人是挺支持在校学生多参加此类竞赛的，从中能够了解自己专业知识还有哪些不足，以及与其他优秀学生的差距，更能警醒自己要不断提高自己。收获便是能够一定程度上肯定自己在大学四年里，没有完全虚度，从中我学到了很多，也给予我在以后的工作环境中更加努力的动力。

8.请你就参加"全国高校景观设计毕业作品展"的过程中的感受和遇到的问题，给组委会提出你的宝贵意见和建议，以便我们不断完善和优化这个活动。

感受就是为我们应届的毕业生提供了一个交流互动的平台，支持！

奖项编号及名称： X173最佳设计表现奖
作品名称： 办公空间概念设计——南江县药材研究所
作者及毕业院校： 西华大学艺术学院艺术设计系　袁东

感谢组委会能够提供这样一个学习交流的机会！使我在获得肯定与认可的同时，也获益匪浅！

能在这样一个平台上去学习、交流、展示自己，对于我来说是一次终生难忘的经历。并且激励我更好地面对未来的挑战。通过这次活动使我对设计有了更深刻的认识，也得到了与更多优秀设计者交流的机会，这会对我以后的发展产生很好的作用。

作为一个刚刚走出校门的年轻设计师，我们应该更多地关注城市发展与人类生存环境的关系问题、文化问题、生态问题、人的生存质量等问题。并努力承担起一个设计师初步的社会责任。努力服务社会，并不断去完善自己。

最后，祝全国高校景观设计展越办越好！

1.你作品的设计理念是什么？这些设计理念是如何表达出来的？

理念：以生态化为基础，形成建筑、人、自然的有机平衡，营造人性化的和尊重自然的景观环境。

表达方式：（1）做到"依山就势"，建筑环山而建，形成建筑与山地原始地貌的合二为一。（2）考虑建筑的功能要求，形成良好的自然通风、采光。（3）"就地取材"借助当地的自然材料，达到低造价、低消耗、高环保。（4）融建筑于自然环境之中，通过建筑在山体的内嵌，建筑中的植物种植，使建筑与自然融为一体。（5）模糊建筑室内室外的界线，做到自然中有建筑，建筑中有自然。（6）以植物元素营造建筑形态，形成有机建筑特征。

2.你认为设计过程中最关键的环节是什么？

如何遵从生态化原则，处理好建筑和山地原始自然环境的平衡关系。并突破一般设计的思维局限，做出有新意的设计。

3.谈谈你最喜欢的景观设计师或景观设计作品。你认为好的设计必备的要素是什么？

我最喜欢的景观设计师是俞孔坚教授。

我认为好的设计应该能够做到"平实"而非"造作"，能够体现人性化，又具有地域性和特色感。

4.你认为中国的城市发展最大的挑战是什么？你的设计能够解决城市发展中的哪方面问题？

人地关系越来越紧张，生态破坏越来越严重，现代大中城市生活环境日益恶化，资源越来越匮乏。随着现代化城市的进一步发展，农业生产用地与城市发展用地的矛盾也越来越突出。

南江县药材研究所虽然是对山地环境的设计，但是本案处理建筑与自然关系的基本原则，依然适用于城市景观的营造，那就是建立人与自然的平衡。

5.你认为设计者在中国的快速化城市进程中应承担哪些责任？

作为一个设计者必须去思考城市发展与人类生存环境的关系，把握文化问题、生态问题、人的生存质量问题、环境的可持续发展问题，形成自己独特的认识与思考。

6.2011年北京大学建筑与景观设计学院国际论坛的主题为"设计的生态"，你怎样理解"设计的生态"或"生态设计"这一概念？

"生态设计"是环境可持续发展的必然选择，是人与环境和谐的前提。也是实现地域化、节约化、自然化等原则的基础上，实现资源的再利用和再循环。

7.你如何看待在校期间参加此类竞赛？参加这次活动，你有何收获？

不管是在学校还是在社会上，这样的机会都是比较难得的，能在这个平台上去学习、交流、展示自己，对于我来说是一次非常难得的机会。通过这次活动使我对设计有了更深刻的认识，也得到了与更多优秀设计者交流的机会，这会对我以后的发展产生很好的作用。

8.请你就参加"全国高校景观设计毕业作品展"的过程中的感受和遇到的问题，给组委会提出你的宝贵意见和建议，以便我们不断完善和优化这个活动。

谢谢组委会能够提供这样一个学习交流的机会。我希望这样的机会能让更多的学生参与，而并不是局限于应届毕业生。

奖项编号及名称： G110荣誉奖|最佳分析与规划奖|最佳设计表现奖
作品名称： 时代复兴
作者及毕业院校： 北京理工大学珠海学院设计与艺术学院　张斌全

获得2011年景观中国"第七届全国高校景观设计毕业作品展"中"荣誉奖"、"最佳分析与规划奖"、"最佳设计表现奖"、"优秀奖"，我感到非常荣幸。

首先，我要感谢组委会、评委们对我的设计作品给予的关注和支持，能够得到业内专家的肯定我感到万分的激动。我要特别感谢我的指导老师——王薇老师，感谢她一直以来对我的教导和鼓励，更要感谢北京理工大学珠海学院环境艺术设计专业的众老师们对我的指导和支持。

得到这四个奖我感到十分的荣幸，这不仅仅是对我的作品的认可及鼓励，也是对我设计水平的肯定，使我在今后的设计过程中更加自信，也坚定了我在景观设计规划的道路上继续奋斗实现梦想的决心。

最后，对作品组委会、评委们为评审工作付出的时间及精力表示衷心的感谢。

1.你作品的设计理念是什么？这些设计理念是如何表达出来的？

本设计贯彻了"生态化"的设计理念，最大限度地保留了糖厂历史记忆，利用原有的"废料"塑造公园的景观，最大限度减少了对新材料的需求，减少了生产材料所需的能源的索取，创造了一个新的工业废弃物和自然景观共生、展示工业文化的新型生态公园，组织整理成能够为公众提供工业文化体验以及居住、商业、办公、休闲、娱乐、运动、科教游览等多种功能的城市公共绿地活动空间。

在景观元素构成和材料上，设计采用了取样的方式来反映白蕉糖厂的地域自然、传统文化、工业景观特色。取样对象包括从水乡动植物群落，到场地空间资源与后工业景观汇聚，并使公园提供完整而丰富的景观和空间体验，以实现工业遗产的可持续生态学发展（进行绿色廊道、屋顶绿化、生态温室、滨水生态、雨水收集等生态的设计），再展开六大主题设计探索，提升珠海市白蕉糖厂工业遗产价值的功能存在性，后工业景观颇具魅力，对白蕉糖厂工业遗产保护与再利用进行新一番探讨。在这样的基础上，运用现代生态学手法进行规划设计，组织场地的景观空间。

2.你认为设计过程中最关键的环节是什么？

当我在实地考察时，面临一群铺天盖地的后工业景观……我能做什么？工业时代，求以复兴！在还没确立自己最终的方案，还是不断大量画草图，以及翻阅很多相关类型书籍，寻找到坚信最适合的方案。要学会静心做自己的方案，坚持自己所想以及经常和老师、同学分享自己的方案，从选题、实地调查到设计方案，遇到过无数困境，坚持、还是坚持；执着、必须执着吧！研究对象要做成什么、为什么这样做、为谁而做，在设计过程中的，这些想法围绕自己思路去设计去构思……更是对方案场地的一个尊重问题。

3.谈谈你最喜欢的景观设计师或景观设计作品。你认为好的设计必备的要素是什么？

德国景观设计大师彼得·拉兹（Peter Latz），代表作品北杜伊斯堡景观公园。德国鲁尔工业区的"埃姆舍公园"规划项目，将工业遗产与生态绿地交织在一起形成可持续发展的总体结构，北杜伊斯堡景观公园在整个规划项目中最为突出，为全世界其他工业区的改造树立了典范。对于中国当前的景观设计领域也有一定的启发与思考。同时，我在做毕业设计作品时也借鉴了该项目对工业遗产与生态绿地处理的手法；好的设计对于改变现状，服务需要，是最基本的；让别人感动的设计，亮点突出、思路明确，舒服、自然、开心，才是深层的。它们都具备良好心态、愉悦生活、冷静思考、必须自信、深厚文化等。

4.你认为中国的城市发展最大的挑战是什么？你的设计能够解决城市发展中的哪方面问题？

可持续发展问题；随着经济的发展，城市化进程的加快，往往面临着产业的"退二进三"。而产业的转型就涉及对工业用地和建、构筑物的再开发、再利用问题。工业遗产的转移、功能的提升直接关系到区域的发展方向，目前，20世纪60年代就已存在的珠海市白蕉糖厂现已处停产状态，当时见证中国民族工业发展史历程，现在面临着产业转型与改造的关键时期，探讨适合保护与再利用模式，以实现工业遗产的可持续生态学发展，对城市发展来讲，提升白蕉糖厂价值的功能存在性，以及增强社会服务、增加公共绿地空间、治理沿河水体污染、增多公共设施服务、减少租房压力问题、雨水收集利用等。

5.你认为设计者在中国的快速化城市进程中应承担哪些责任？

敢为人先，不敢为天下先，敢为人先，设计者应该是作为一个城市管理者，来进行规划、建设、运行三个阶段的管理，而这三个阶段的动态作用过程推动了城市整体空间发展，奋进创新，敢于创造机会，对城市人居环境进行改造，是为管理城市创造良好条件的方案性、阶段性工作，是过程性和周期性比较明显的一种特殊经济工作，对城市进行规划设计，这样城市才能有规划地可持续发展，这一直是设计者一种独有的意愿。

6.2011年北京大学建筑与景观设计学院国际论坛的主题为"设计的生态"，你怎样理解"设计的生态"或"生态设计"这一概念？

随着城市化进程的加快，城市建设的许多深层次问题日益凸显出来，我们赖以生存的空间变得越来越受限制，环境污染越来越严重，严重影响到我们城市居民的生活环境和身心健康，而要解决这些问题，很大程度上要依赖于城市景观的生态设计、更新与技术应用。分析了景观设计的动态生态设计，设计的生态——生态保护的最基本的手段，减少资源流失。绿色、低碳、健康、循环，新设计的方向，考虑环境资源的问题，综合、长远的观点性、规划性与自然资源共同开发，生态学原理，利用和转化的关系，提高生态经济效益的使用性，促进社会经济可持续发展的一种区域发展规划理念。

7.你如何看待在校期间参加此类竞赛？参加这次活动，你有何收获？

通过这类竞赛，可以增强自我信心，是展示自己、表现自己的一个机会，利用大学期间，多参与竞赛，让自己在学习的过程中更加充实，面对学习更有激情。毕竟一次竞赛下来，过程中经历了很多专业上不懂的问题，不断学习，不断研究……最大的收获就是能够与同学、专家面对面交流，获取更多的知识和经验，同时能够展现自己，并得到各位专家对我的作品的评价和指导，能够参加这类竞赛获奖而感到荣幸，同时也感谢组委会给了我们这个交流的实质平台；最后一次为我们的大学生涯做一次完整的汇报。

8.请你就参加"全国高校景观设计毕业作品展"的过程中的感受和遇到的问题，给组委会提出你的宝贵意见和建议，以便我们不断完善和优化这个活动。

首先对这次活动的组委会，我表示非常的感谢，给我们这个平台，可以有机会让所有作品的作者相互交流学习，让大家有充分展示自己专业能力的机会。

我期待了两年，终于让自己参加这次的盛会，为了全国高校景观设计毕业作品展我自己准备两年，这两年我一直都在关注、一直都在努力，在同一片空间中成长，我为这次作品展提前做了大量功课，从公布那刻起，看到自己名字在获奖名单上面，心情激动地流出泪水，感谢组委会对我作品的肯定与支持，在以后个人职场生涯中会继续努力为我们的景观设计工作奋战到底。

小小建议：全国高校景观设计毕业作品展在整个活动的举办过程中已经做得很完善很充分，我提倡在征集作品的事项中光盘资料\图纸部分\出版用图可以增加cdr出版图样，因为有些学生是用cdr来排版的，在调整展板的同时内容比较多，所以在psd格式前提下，希望可以增多cdr格式，服务更为人性化。

这次活动的参赛院校众多，得到资深老师的点评和肯定，作为一个毕业生能够获得这珍贵的机会感到很荣幸，再次感谢本次组委会给我们毕业生一次很好的展示自己的机会，希望全国高校景观设计毕业作品展会越办越好!!

奖项编号及名称：X007人类关怀奖
作品名称：心灵的隐喻——人类情感体验景观设计
作者及毕业院校：武汉科技大学艺术与设计学院　张春妮

在毕业设计这个平台上我们可以不受现实社会种种条件的约束，将自己的想法概念自由地表现出来。我特别感谢我的大学老师——李一霏老师，他从选题开始就很鼓励我完成这个课题，他也以一个引导者的方式，对我的任何想法从未打压，引领我们去开阔思维，才能让我坚持做下去并不断完善自己的方案。同时，感谢这么多有责任心和耐心的评委老师不厌其烦地认真看完我的设计并给予鼓励，我会带着这份肯定在景观设计的道路上坚定地走下去。

自我描述：
爱思考 爱阅读 爱文学和历史 爱音乐 爱设计 爱一切美好的事物
好学 真诚 虚心 细腻 敏感 幻想 完美主义

有许多梦想 却也活在当下 对未来有许多期待 却更愿意做好眼前手中的事物

没有豪言壮语 只希望尽自己所有的力量 对得起自己喜欢的事物 对得起家人的期待 活得充实 没有遗憾

1. 你作品的设计理念是什么？这些设计理念是如何表达出来的？

我一直对人类社会学和心理学有浓厚的兴趣，结合到自己的专业，觉得研究环境对人类影响的感受应该是一件很有趣的事。因此设计的理念是希望通过利用环境心理学中的相关理论，研究人类空间环境里对人们心理活动产生影响的环境因素与个体行为效果之间的关系。

基于这些设计理念，我的方案选取了比较有代表性的痛苦、茫然、希望、幸福四种情感，研究诸多景观元素类型如物体的色彩、形体、质感对人类影响形成的情感体验经验，结合隐喻景观的叙事手法，希望以此为基础，能探讨一下建立起基于个体心理感受的空间景观设计原则。

2. 你认为设计过程中最关键的环节是什么？

最关键的应该是抓住自己灵光乍现的设计概念，把脉络整理清晰，并付诸一个详细设计的过程。简而言之，就是把抽象想象变为实际设计的环节。

3. 谈谈你最喜欢的景观设计师或景观设计作品。你认为好的设计必备的要素是什么？

我最喜欢的景观设计师是Martha Schwartz（玛莎·施瓦茨），她的特立独行，她对另类材料的应用，她将景观设计上升到艺术的高度，她对土地文脉的尊重和理解，都表明她始终用自己独特的设计语言来表达自己对景观的理解。是她让我觉得景观设计让我们还有无限的想象力可以发挥，让我开始从另一个角度来理解景观，也产生了更多的兴趣和热情。

在我看来，好的设计必然是让人类生活得更美好，对人类社会起着积极推动作用的。无论我们在设计里如何创新、使用新材料、尝试新方法、利用新形式来表达、关注人类自身感受，注重生态环保，我们都应该要有一种责任感和目的性，就是为了要让人类生活的环境和空间更好。

4. 你认为中国的城市发展最大的挑战是什么？你的设计能够解决城市发展中的哪方面问题？

中国的发展速度越来越快，却是一种渐渐偏离轨道的快，GDP直线上升，人们的幸福感却直线下降。如果我们的城市化没有办法让人民生活得更幸福，再多的资本累计也只是数字的增长。整个社会都陷于一种浮躁的状态，大家只愿追逐利益，极度缺少社会责任感，这些都是因为人类自身素养的成长速度跟不上社会经济增长的速度，换句话说，我们忽视了整个人类。我们忽视了对人类素质的教育，也忽视了对人类感受的关注。我希望自己的设计能够提醒设计师关注人类，做到真正的设计以人为本，做有责任心的设计师，做真正可以对人们生理和心理起到积极影响的有内容的设计。

5. 你认为设计者在中国的快速化城市进程中应承担哪些责任？

对地球生态环境保护的责任，对城市规划合理性的责任，对社会积极促进的责任，对人类人性和心理关注的责任。

6. 2011年北京大学建筑与景观设计学院国际论坛的主题为"设计的生态"，你怎样理解"设计的生态"或"生态设计"这一概念？

设计是有生命的，如果把人类所有的环境因素看做一个循环系统，那么生态设计便是在设计中能够保护这个系统，让它能够一直处于可持续状态。

7. 你如何看待在校期间参加此类竞赛？参加这次活动，你有何收获？

这个比赛的规则和形式本身就是对学生创造力和想象力一种很好的鼓励，我很开心各个老师能够认真地看了我的设计并给予了肯定，这也让我有信心在这条路上走得更远。

8. 请你就参加"全国高校景观设计毕业作品展"的过程中的感受和遇到的问题，给组委会提出你的宝贵意见和建议，以便我们不断完善和优化这个活动。

希望公众对这个比赛的认可度能越来越高，另外比赛模板是不是可以再改善一下。

奖项编号及名称： X331优秀奖
作品名称： 循环经济发展模式下的鱼塘规划设计
作者及毕业院校： 天津美术学院环境艺术设计系
王超　张浩　马鸯　刘鹤　鲍文芳　陈青

离开学校已经三个月了，能还有机会以天津美院学生的机会参加活动，我感到十分开心也十分荣幸。感谢第七届全国高校景观设计毕业作品交流暨高校学生论坛给了我这样一次机会。感谢这四年以来培养我的母校的领导和老师。感谢为了毕业设计一起努力，互相鼓励的我的同学们。和大家在一起的日子会在我的生命中留下重要的印记。在今后工作的日子里再接再厉，取得更好的成绩。来回报社会对我的培养。

奖项编号及名称： X175优秀奖
作品名称： 城市记忆的码头——南京中山码头公园景观改造设计
作者及毕业院校： 南京艺术学院设计学院　张蕾　葛丹丹

很荣幸自己能够拿到"优秀奖"，这份荣誉是对我自己设计以及基地全面深入把控能力的些许肯定。在今后的工作学习中我一定会更加努力，在自己热爱的设计领域里有更出色的表现。

首先，我要感谢评委们给予我设计作品的关注和支持，能够得到业内专家的肯定我感到万分的荣幸。我要特别感谢我的指导老师——刘谯老师，感谢她一直以来对我的教导和支持。更要感谢南京艺术学院设计学院景观设计专业的所有老师们对我们的指导和鼓励。

这个奖对我来说不仅仅是对我的作品的肯定，也是对我设计水平的肯定，使我在今后的设计过程中更加自信，也坚定了我在设计路上继续奋斗实现梦想的决心。

奖项编号及名称： X376荣誉奖I最佳场地理解与方案奖
作品名称： 哈尔滨松花江上游群力新区城市湿地公园景观设计
作者及毕业院校： 哈尔滨工业大学建筑学院景观与艺术系　朱柏葳

首先，感谢主办方以及景观中国网给我们学生提供这样一个平台，使我们景观专业大学生在展现创意和想法的同时可以互相学习和交流。能够获得本次大赛的荣誉奖和最佳场地理解与方案奖我们感到非常荣幸。感谢我的指导老师对我的严格要求和耐心指导，使我对四年所学的基础知识进行系统地整合的同时，习得了很多设计方法，更重要的是对很多专业问题有了新的思考。带着他们的教诲与鼓励，我会坚定地把接下来的道路走好。

1．你作品的设计理念是什么？这些设计理念是如何表达出来的？

我作品的设计理念是毛细现象原理在城市湿地公园景观设计中的实践。分别体现在三个层面上，功能层面上，通过人工的手段使湿地摆脱休眠的景观状态，实现其自身生态系统的优化；精神层面上，就是将生态的知识和倡导理念，通过景观营造手段方式（主题功能区的营造）渗透到人们的意识中，从而指导人的行为；形式层面上，以植物弯曲的茎部（毛细管）形态作为场地内构筑物抽象元素的原型。

2．你认为设计过程中最关键的环节是什么？

就是"对场地的解读"的这个环节，发现场地中存在的综合矛盾，并找到一种比较合理、简明、便捷的处理方式来解决各种各样的问题。

3．谈谈你最喜欢的景观设计师或景观设计作品。你认为好的设计必备的要素是什么？

海德公园中的水石项链（戴安娜王妃纪念喷泉），我喜欢设计者对场地环境的解读和对戴安娜的解读，场地的"外达内通"及喷泉的特殊设计所营造出的场景很恰当地表达王妃的品质和个性。

我认为好的设计的必备要素就是对场地特征的把握，就是说对场地自然特征（气候与地形地貌）和人文特征的把握。

4．你认为中国的城市发展最大的挑战是什么？你的设计能够解决城市发展中的哪方面问题？

最大的挑战是如何科学发展。这些年我城市的规模和经济总量都有很大变化，但因此也造成土地资源消耗过快，环境代价过大，怎样在发展过程中兼顾各方利益，科学发展亟待考虑。

我的设计是针对城市内被建设用地割裂为生态孤岛的湿地进行的保护性设计研究。试图以景观手段来解决生态保护区域人与自然之间的矛盾。

5．你认为设计者在中国的快速化城市进程中应承担哪些责任？

对环境问题的综合考虑，对文化的尊重和传承，对审美的引导。

6．2011年北京大学建筑与景观设计学院国际论坛的主题为"设计的生态"，你怎样理解"设计的生态"或"生态设计"这一概念？

"设计的生态"，以前我简单地把生态直译为一些符号，比如说，用什么材料才叫生态，有什么样的概念说法才叫生态，非得利用一些什么技术才叫生态。但随着对一些设计问题的思考和解决，我个人认为，"高效地为你所处理的环境带来益处"便是生态。运用一定的技术手段，利用合理的观念及材料，持久、便捷地满足人的需求，并提供生态的体验，这种体验又使使用者产生生态意识，从而指导他们的行为。

7．你如何看待在校期间参加此类竞赛？参加这次活动，你有何收获？

我认为在校期间参加此类竞赛是十分必要的，竞赛打破校际间的壁垒，让我们景观类大学生能有横向交流的机会，取长补短，共同进步。参加此次活动，让我看到了很多优秀的设计作品。这些作品对概念的诠释，对景观问题的思考，在解决方法上的创新，乃至对设计成果的视觉语言表述都有很多值得我学习的地方，这使我受益良多。

8．请你就参加"全国高校景观设计毕业作品展"的过程中的感受和遇到的问题，给组委会提出你的宝贵意见和建议，以便我们不断完善和优化这个活动。

参加竞赛的整个过程让我感受竞赛流程清晰，组织合理。希望活动加大前期宣传力度，并在后期交流阶段能吸纳更多的热爱景观设计的人士参与。

部分获奖作者访谈

俞卓 ■■■■

通过此次展览活动，作品整体水平是好的，应该给予肯定。很多方案过于重视形式手法或立足于文化的讲述，对场地的处理及对生态的关注还大多停留在表面，对文化的理解及符号的应用上大多止步于概念。因此，景观教育应加强学生务实能力的培养，从而能够真正将"概念"落实到实际设计中，真正提高学生的实战设计能力。

1.优秀作品请业内专家详细分析作品的亮点及创新处，特别对方案的实际操作性作出评述。

2.书籍排版不只是简单地将展板放上去，展板上的有些字太小，可以减少作品集收录作品数量。

3.在可能情况下，组织有关专家、教授与有关高校的师生进行交流，从而促进各高校的交流与专业水平的提高。

陈晶 ■■■■

可以考虑按设计题材设置奖项，也可以按空间尺度大小设置奖项，当然只是建议，总之奖项设置可以找找变化。例如规划景观类、建筑景观类、园林景观类、景观设施类等。在类似的题材与空间尺度相近的作品中，去评选各项的获奖作品。小尺度、小题材、小构思、小细部、小创意，只要作品有深度，"小"的亦可出彩。

出版方面比较看重出版书中对获奖作品的点评，让全国高校的师生深入地解读获奖作品的"过人之处"，便于统一学科的发展方向，缩小各高校参赛作品的差距。

目前国内各地区各高校的教学内容、水平还有一定的差距。参加活动的这几年使得我校师生明确了进一步发展的方向，并结合市场实际需求，不断地调整教学内容与方法，个人感觉学科的交叉与互融是未来景观发展的必然方向，面临挑战我们只从自己的老专业、老方向出发远远不够，需要不断丰富相邻学科的知识，这也正是参赛学生努力的方向。

高贵平 ■■■■

这个活动很有创意，能鼓励有才能的学生的思考。希望评选时要有科学的方法设计，千万保证公正和权威性，不能有丝毫的学术造假。

徐进 ■■■■

奖项设置具体、合理，能够引起人们对景观设计应该关注和解决的问题的重视。本活动还可加大宣传力度，如作品征集除了网络宣传外，还可向相关高校寄发海报、信件等，评选展览过程还可通过电视、报纸等宣传。

随着我国快速的经济发展，城市化进程加快，城市建设急需综合型的高级设计人才，景观设计学专业教育前景无比广阔，但同时也面临着挑战。社会对景观设计人才提出了更高的要求，而目前我国高校景观设计专业教育相对落后，师资力量薄弱，理论研究滞后，缺乏理论系统性强的教材，全国对景观设计人才培养也没有统一规范和要求，这些都制约了我国景观设计学科教育的发展。如何加快我国景观设计教育的发展，北京大学景观设计学研究院进行了大量的有益探索，推动了我国的景观设计学科教育的发展，同时在全国院校也起到了很好的领导作用，举办了数届全国景观设计毕业作品展，为广大师生和设计师搭建学习交流平台，促进了相关

高校景观设计教学的改革与发展。我作为一名地方院校的景观设计学专业教师，也要多带领学生参加社会设计实践，加强与其他院校联系，相互学习，并注重实践经验总结，多出理论书籍，为我国的景观设计教育事业尽一份绵薄之力。

很荣幸参加本次作品展览的评选工作，通过本组作品了解到一些兄弟院校对景观设计专业的不同教学思路，开阔了眼界，对今后的课程教学和毕业设计的指导具有改进和提高的作用。同时，对学校的学科建设和教学改革研究具有引导和促进的作用。

参赛作品，要做到主题明确，内容表达清晰规范。首先要明确"做什么"，然后"怎样做"，最后成果展示，"做成什么样"。

做什么——建议参展的同学在毕业设计选题上更多加用脑，想想是否具有一定的学术研究性和探讨的价值。

怎样做——在设计过程中通过对基地现状综合分析，制定设计目标，针对现状存在的问题、挑战和机遇，提出解决问题的原则、战略以及设计理念。在分析过程中做到条理清晰、简洁明了；在设计过程中鼓励创新。

做成什么样——在深入的场地理解的基础之上，方案要针对性强；设计目标、原则、理念与设计成果一致性强。

居萍 ■■■■

可以适当加大宣传力度，扩大作品征集范围，高职院校参加的少，在注重技能培养的高职院校中，优秀作品也不少。同时对于获奖的学生，除了给予证书外，在就业方面能否有帮助。

很多设计涉及"生态"概念，但是真正把握这一内涵的不多，建议在教学过程中有所拓展。

林波 ■■■■

很高兴能够作为本次展览的评委，关注展览很多年，发现奖项设置日趋合理和丰富，并且能够体现出我们对景观学科研究中不同的关注点，非常有效地促进了景观学科的发展，个人建议能够设置"绿色建筑"类的奖项，因为景观建筑环境的范畴是宽泛的，景观学研究的内容也很丰富，绿色建筑及其相关规划设计，也应该是景观设计研究的对象，并且还能吸引更多相关专业的学生关注和参加我们的展览赛事。

刘大鹏 ■■■■

奖项的设置从宏观上反映了景观设计专业需要专注的领域，并能够有效地选拔出各类型的景观设计中的优秀作品，但同时也有较为空泛的弊端。现阶段景观教育缺少让学生接触实际的环节，使学生缺少对社会的理解。

刘谯 ■■■■

目前作品展的奖项设置能体现不同选题的不同解决方案的各自特点，而不是常规的按等级来分奖项，容易埋没一些具有独特闪光点的作品，应该予以坚持。作品的征集从高校的口径出发，推荐作品参赛，容易推选出较优秀的作品，过滤掉一些常规的设计作品，对于筛选来说更加容易。评选作品以网络的形式公开，目前做得也不错。在出版环节，建议可以印制一些缩略版的图册，作为高校四年级学生毕业设计前的参照范本，也便于

开阔视野，对于选题避免重复、陈旧，便于产生创新性的选题。

中国的景观设计教育仍处于起步阶段，学科的基础理论研究与专业教育任重道远，人才培养也是步履维艰。当前，在中国景观学科的专业设置与教学体制多元、学科专业观念的转变与国际接轨状况下，如何探索属于各个不同学科下的各个院校自身的道路，是当下高校的重任。既兼顾融合，又保证自己的教育理念与特色，并能够与其他的学科共同建立起中国景观设计专业的架构。

通过参赛活动，毕业班的学生对于景观设计的整合有了深入的认识，对专业知识的融合以及团队合作得到很好的锻炼。主办方也为城市规划、建筑学、环境艺术设计等相关专业院校及毕业生搭建教学交流和展示自我的舞台。

参展的学生思维需国际化，视野开阔，方能站在更高的视角看问题。注重选题的社会价值、人文价值，避免常规选题与常规设计，更应避免重复与抄袭。独创是我们的生命力，这一点对于毕业设计和我们同学未来的专业与人生来说举足轻重！

苑升旺■■■■■■

基于对景观设计长远的发展和中国景观设计的长足进步，此次活动都起了很大的推动作用。这些奖项的设置起了很好的引导和激励的作用。可以很好地引导学生们对景观设计产生思考，并且进行更深层次的研究进取。因此，本人很同意这些奖项的设置，还望主办方继续并不懈地为景观事业做出不朽的贡献。希望主办方能够办好本次活动，认真评审每一个同学的作品。能够出版一本有水准的景观书籍。只要我们都本着发展中国景观的思想、教书育人的情怀，我们就应该不惜一切努力进行此次活动。

相对于景观设计来说，我们还有太多的事情要做，我国还有很多的地方需要学习和进步。在这个过程中会面临一些困难和挑战，希望本次活动能起到一些先锋作用，以此来引导和促进中国景观设计的发展。就目前来说，本人也在不断地学习和进步中，本人将跟随学院的发展脚步，继续前行。同时也会为本院校的发展贡献出自己的绵薄之力，还望贵校给予支持和合作。

此次参展的学生都各有所长，如百花一般绽放。希望他们会互相学习，继续在景观这条道路上披荆斩棘，一路前行。最后希望此次活动会越来越多的学生产生影响和教育，并希望会对中国景观的发展起到引导的作用。希望我们共同的努力不仅限于我们此次活动，更希望它会实践在景观事业的发展上。

朱凯、汤辉■■■■■■

今年组委会设置的综合奖、单项奖及优秀奖基本上能反映出当今对景观设计应该关注和解决的问题以及学科的发展方向，但就评分的五项标准来看，景观规划和景观设计的评分标准有些模糊，评委在打分的时候只能按照自己的思路来判断这是规划类作品还是设计类作品。建议今后能在作品的征集过程中就让申报的同学或者老师填写好你所报的是两类中的哪一类，然后再按照具体类别的评分细则来评分。

是否能在作品出版之前及时联系上本届获奖的同学或者指导老师（尤其是获得荣誉奖和单项奖的），看有没有作品真正被实施的，出版时可以附上一些建成后或正在建设中的场地照片，特别是在作品中有很好的设计思路和创意的地方是否在现实工程中真正做出来的案例。这样的话可以更加加深同学和老师对于景观设计的兴趣及认识。

总的来说，组委会举办的这项活动对我国景观设计及相关学科的发展、对每所高等院校相关专业自身的发展及相关专业的学生来说都有很大的促进作用，谢谢你们的付出。

秦洪伟■■■■■

前几届的奖项设置关注和解决着当下问题，引导着学科的发展。建议增设老人、教育、趣味、健康等专题的最佳奖设置，贴近民生，有利于进一步争取到政府、社会与其他研究机构的合作与支持。在当前，以生态设计为主的大尺度景观规划设计是必要的，在后生态时代或甚至当下，也可计划出点生态设计区域的局部或结合部设计，具有补充性，更好地突出环境生态设计效果，增强了受众对生态环境的理解和热爱，可设计趣味性、主题性景观类型。

可专项增设基地调研优秀成果的版面，包括过程和方法，内容包括环境对人类产生客观影响的潜在属性的挖掘研究；人类环境依赖的潜在属性的挖掘研究。可设最佳洞察力奖项。

政府、民间组织和民众对其赖以生存环境的先进意识，良好的协调合作，自觉的研究态度有待养成。北大建筑景观设计学院的学术引领在行业和社会起到重要促进作用。参与本活动对院校景观教学、学科交流、发展有重大的推动作用。

同学们要细致感受环境，观察生活，勤于积累和思考，增强学习和研究能力，不要浮于已有的概念和形式，用研究性成果充实设计，注重实践应用结合。

刘福智■■■■■

目前的设置很有代表和典型性，鉴于景观生态、构造、材料、结构、智能、信息化技术的大量应用，是否可以设置与技术相关的奖项，以突出该方面的先进理念、发展现状与引导？现在一级学科已经设立，建议各高校多沟通交流，在保持各校培养特色的基础上，逐步强化本学科自己的主要特点，尤其与建筑学、城乡规划学的联系与区别，避免专业特点的边缘化与不确定性。

闫启文■■■■■

具体的奖项对于学生的引导性很强，应该分门别类，具体设置形成体系，每年的同一时间，征集，评选，展览，使之逐渐形成规模。

舒悦■■■■■

建议在设置奖项中可以考虑设置"优秀教师奖"，可以对指导教师，特别是青年教师的工作有积极的促进作用。建议在活动征集开始时，能够向各个学校发出海报或者是电子版的海报，学校学院可以张贴，对活动的宣传和促进有良好的作用，除了让毕业设计的学生了解此信息，也可以让低年级的学生了解和熟知这一活动。

竞赛是课堂学习的延伸，是知识系统的拓展，竞赛不是纯粹的商业活动，需要摒弃商业套路，需要更高层次的提炼和思索。多参与高层次的竞赛活动，对于学生提高独立思考能力，进行良好的思维训练是一个很好的过程，也促使学生跳出现有的思维模式进行全新的体验。我建议参赛的学生在选题上要新颖，要多关注社会生活，将触角多延伸到各个社会领域去寻找施展才华的领域，这也是对即将进入社会、开始工作前有益的促进。

王胜永■■■■■

引导学生正确的设计理念应位于首位，再者应具有宽阔的知识面和扎实的基本功。奖项设置8个名称太多。出版环节指导教师信息少，不便交流。每个学校都有优秀的老师，如何交流讲学是个待解决的问题。

侯涛■■■■■

奖项设置非常全面，评价体系及标准也很规范。只是要在有限的时间内很合理地对每个方案作出准确而合理的评价并不是一件容易的事情。一个好的设计作品应该是整体思考全面，在此基础上有独到的思考。这一点作者应该是有最深刻的认识。能否考虑在报奖参评阶段就有针对性地报评，而不是所有作品都留给评委去审定，这样的话可以大大提高效率并且更为准确合理。

景观设计毕业设计竞赛已经举办六届了，应该说影响力越来越大。但纵观历年获奖及参展院校，港台参展作品在表达方式和概念深入上明显要高于内地大部分院校，基于此能否对这些院校的优秀作品重点分析和讲解，以期能够更好地提高内地高校学生的设计视野和思维。

参加竞赛本身只是一个形式，获奖是对参展院校的一种鼓励和褒奖。对于学校而言提高知名度是一个很直接的目的，对于毕业生而言这种竞赛更多的是一个学生四年来学习的一种总结，那么对于低年级学生的指导意义又何在？

是否可以考虑增加一个课程设计竞赛，以在校二年级三年级学生课程设计作业为参评对象，作为毕业设计竞赛的一个姊妹篇，那么其影响力和对于低年级学生而言将会是一个更大的鼓舞。也为接下来参加毕业设计竞赛起到很好的推动作用。

张豪 ■■■■

奖项设计日趋合理，针对性强，突显学科发展方向，具有极强的专业引导意义，也反映出"全国高校景观设计毕业作品展"的前沿性与权威性。北京大学建筑与景观设计学院主办的"全国高校景观设计毕业作品展"从征集到评审、展览等环节是国内少有的组织严谨、评审科学、展览周密的全国性大赛，多年不断地总结发展，已经形成了自身特有的一套组织方法，非常值得国内其他类似大型展览比赛借鉴和学习。

国内景观设计行业刚刚起步，各学校应该在统一的教学目标下各取所长、优势互补，不断推动行业的发展。希望北京大学建筑与景观设计学院继续做好"全国高校景观设计毕业作品展"，为全国的各大院校搭建学术交流平台。我校每年都参加"全国高校景观设计毕业作品展"，并以此检验和交流教学成果，通过每次的作品展我校不断发现教学上的问题，取长补短。

对参展学生我的建议是：冰冻三尺非一日之寒，学好基本功为今后走向社会打下坚实的基础，今天在全国高校景观设计毕业作品展我们只是小试牛刀，明天我们要到更大的舞台用实践检验我们的学习成果。

辛艺峰 ■■■■

第七届全国高校景观设计毕业作品展在历年大展基础上，今年以更新的景观设计毕业作品给全国园林、景观、规划、建筑、环艺等专业的高校毕业生提供一个展示自我的舞台。通过今年对景观设计毕业作品的评审，深感参赛作品在选题上更为多样，触及到的领域更为宽广，景观设计表现的形式更加丰富。虽有不少作品显得有些稚嫩，但其在景观毕业设计作品创作中展现出来的探索精神则是可喜可贺的。

希望第七届全国高校景观设计毕业作品展参赛的学生们可以将自己在学校中的所学运用到以后的实际项目中，并在以后的工作中能适应设计市场的需求，以使自己的设计成果能够在设计市场转化为可实施的设计作品。

张英 ■■■■

随着改革开放，景观建设已经成为城镇建设的重要内容。景观设计师的需求日益提高。目前已有上万计的设计人员从事景观设计工作，主要分布在我国的各大城市，尤以北京、上海、广州、天津和重庆为多。希望能多鼓励一些西部城市，这些城市对人才的需求量不断增多，但人才远远不够。

赵晓龙 ■■■■

举办大赛不是目的，是手段，目的是促进各高校景观专业的教师与学生通过这个平台增进相互之间的学术交流。大赛已成功举办六届，在这个过程中各种办学背景的高校师生都受益颇丰。

随着学科的不断壮大，交流的不断深入，建议采用"主题"命题式与自选基地相结合的方式，专家学者的现场点评、"主题"讲座与巡展相结合，这样"主题"可以得到深化与细化，交流起来更有针对性，对教学的促进作用更有成效。建议报送的展板数量可以适当增加，保证学生能将毕业设计的"过程量"完整展示，使我们可以更清晰地解读其设计历程，发现其闪光点。

风景园林学成为一级学科，对于学科的发展既是空前的机遇，也是巨大的挑战。机遇和挑战源于我们所处的时代，源于时代赋予我们的使命。通过大赛评审，暴露出许多参赛作品流于视觉形态的现象比较严重，对于"生态"、"文化"理念的阐释多停留在表层，缺乏对技术路线的深入思考。景观设计教育如何处理好艺术与技术的结合？如何使学生全方位地掌握学科知识？都将成为每一位教育者值得深思的课题。

郑洪乐 ■■■■

目前奖项设置比较科学、开放，现实关注度比较广。涉及建筑、城市规划、园林、环境艺术设计等专业。建议每年都有一个侧重点关注主题。

中国景观设计教育是中国的，也是世界的，因为今天社会、经济、文化、资源、环境等一体化，也决定解决任何一切问题是局部也是整体的全球观念，全球气候变暖，物种超速灭绝，生物多样性消失、海洋污染与海平面上升，连锁反应，生存告急。城市化、工业化加剧，给景观设计专业与教学提出严峻的挑战，也肩负平凡与神圣的职责，立足本学科背景跨学科培养景观设计教育方案是全新解决当下生存环境景观现实复杂问题的关键。培养学生对自然、社会、地理、历史、文化、资源认知与热爱，形成自然共生共享的价值观也是不可分割一部分。景观设计教育技术与智慧共生，现实与理想共存，关注生存环境，不断推动景观设计与人才培养的广度、深度、高度发展，实现当下人与全球可持续价值。

参与本活动也为我提供一个不断学习、思考、提高的机会。在教学实践中不断调整学科的培养内容与方向，力所能及推动学科向前发展，进展虽然是缓慢的，也很困难，但意义却很重大。

对参展学生建议：要不断拓宽视野，关注全球气候、资源、生态、文化、历史、科学技术等方面新动态，站在历史与当今地球发展高度全新思考解决当下下现实生存环境景观宏观与微观问题。展示自己对现实观察力、科学分析能力、想象力。

郑阳 ■■■■

目前，全国高校对于景观设计概念的理解都不尽相同，农林院校、建筑规划院校以及艺术院校在对景观设计的定位上都有所区别，所以，在作品征集上应该有所区分。

苏剑鸣 ■■■■

许多作品都反映出学生重结果、轻过程的倾向，为了将来的专业工作能有更大的提升空间，一定要养成从分析中发现问题、寻求策略、创造性解决问题的科学的设计思维习惯。

赵一 ■■■■

景观设计或者规划设计其实是多学科的综合，学生可以在设计过程中选取自己所擅长的部分进行表现，如资料分析与整合部分，理念提炼与创意部分，设计表现部分，文字编辑与视觉推广部分，甚至方案表述与辩论部分。现阶段奖项设置已经比较全面，涵盖了很多部分，较同类比赛很有创意，可以通过分析一线教师与学生的实际操作来决定奖项的设置。

本活动的整个操作环节都非常正规、严谨，特别是参赛作品都在网络上刊登，大家可以直面交流，也表现出大赛的透明性，非常值得赞许。在作品集部分希望能够加大版面与印张，使优秀作品成为以后学生的手边最好的资料。

现在景观设计及相关学科其实是在一个很好的大平台下，但高校教育与实际项目操作脱节，教师只讲授理论，没有条件进行实际操作，导致很多设计项目听起来天花乱坠，实际毫无可操作性，各种评选也只偏向于假大空的设计，无实际细节内容。参加此次活动使学生和老师都得到了锻炼，促进了相关学科的发展。希望学生积极参加比赛，尤其是这类正规的好比赛，是学习交流很好的机会，希望做出更优秀的作品。

盛维华 ■■■■■■

我国传统景观设计理念受到前所未有的冲击，如何继承及发展传统园林设计艺术，以及如何使中国园林艺术走向世界。

矫克华 ■■■■■■

作品水平在整体上是应该给予肯定的，较去年有所提升，学生的设计点已经延伸到大的时代特征、生态问题、社会热点以及历史人文的主题中，不断地有让人眼前一亮的新视点出现。但同时也暴露出现代景观设计教育的一些问题，出现了规划分析应试化与模式化的现象，出现了对一个小地块的分析小题大做的现象。这些问题出现，反映了景观设计教育存在的一个深层次的问题，在景观设计教育中，很少有人去关注什么是景观规划与设计，更多的则是关注如何做景观规划与设计，这对于处于设计探索与萌芽期的学生无疑是一场灾难。

在景观设计教育中，应该更多地关注什么是景观规划与设计。在景观设计教育中"授人以渔"的"渔"应该是一种方向性的引导，而不应该变成束缚创新的规则、规范。同时设计应该是一个思考与表达的有机的结合，不应只是大量的"思想上的巨人，行动上的矮子"，这些仅是本人的一些愚见。

彭军 ■■■■■■

作品奖项的设置对作品的评判给予了多种的选择角度，这种多角度的、多种不同学科角度的评价标准是积极可行、有效的。在作品的征集、评判与评奖中，其过程都是十分出色的。在一定的氛围内，可以是国内的不同背景的高校相互学习，也可在一定的条件下，引进优秀的国外高校作品，供大家学习。

雷柏林 ■■■■■■

奖项设置较为合理，但希望还是将奖项分名次，便于理解。
希望可以将作品的征集范围加大，扩大影响。

钟旭东 ■■■■■■

近几年一直密切关注北大举办的全国高校景观设计毕业作品展，作品水准也在逐年提高。现在园林景观市场需求的景观施工图设计人才紧缺，希望北大景观奖项设置也要关注这个变化，设置相关奖项。在作品评选过程中如果做到适当注意重点院校和一般院校的差别（毕竟师资力量、学习环境差别很大）效果将更好，以便鼓励和推动广泛的一般高校参加竞赛。

作为景观设计专业教师，认为目前景观设计及相关学科的教育所面临关键的挑战是相关专业学科的整合。参与本活动对推动我校的学科建设与发展具有重大意义。对参展学生的建议是：特别注重跨学科知识的学习与整合。

洪惠群 ■■■■■■

毕业设计作品参赛可分为学术性研究系列，课题性研究系列与生产性系列三大类作品奖项。参赛报名时，要求参赛者填报志愿。其他内容与现在相同。

建议：（1）可以增设："最佳徒手设计表现奖"。要求：除了文字以外，所有的设计图形，均要求以徒手作图，或以徒手为基础的设计方案表现。主要目的是培养学生的动手能力和扩大学生获奖的机遇，增强参赛者的兴趣。（2）可以增设："最佳指导教师奖"。最好是凡是获奖的学生，其指导教师都应该有奖才是，这样可以调动教师的积极性。

学生在设计中，往往采取"孤芳自赏"态度对待毕业设计。先有造型设计，随后再给造型设计配文——就是所谓的"设计理念"或"设计主题"。其心态：追求设计的华丽表现，忽略设计的可行性研究。既然是实际课题，就应该正对实际问题，高标准的设计，否则无意义。

鼓励以实际工程作为毕业设计创作，对于浪漫性、幻想性、研究性的设计可另设参赛奖项，不要混在一起。毕业设计还是应该注重具有可行性研究能力的培养，解决问题的能力培养。本次一些幻想性的城市绿化生态保护研究课题，太过肤浅，明明知道实现不了，还要胡乱做设计，其实是对生态的误解，希望重视这种设计教育现象。

段渊古 ■■■■■■

活动中设置的奖项更利于充分发挥学生的潜在设计能力，更有利于发现人才，鼓励人才，推动学科的发展。建议在奖项的名称方面更体现针对性，不宜太抽象。各高校学生参加数量方面不宜加以限制，充分发挥高校的积极能动性，更有利于推动学科发展。我国城市化进程的加快，无疑给景观设计创造了很多空间，但给景观教育带来挑战，如何体现本土文化，如何珍惜有限的国土资源，如何创造人类居住的生态安全是我们以后教育中思考的重要课题。

高校学生是中国景观行业发展最活跃的力量，是一切规划和设计的灵感源泉，为了给广大学生提供一个相互交流、学习和展示自我的平台，北京大学建筑与景观设计学院于2011年10月14日19：00—22：00在北京大学英杰交流中心二层第二会议室举办"2011第七届全国高校景观设计毕业作品交流暨高校学生论坛"。论坛形式以学生汇报交流为主，分为A、B两组（每组5位同学）汇报介绍自己的研究、规划或设计，结合同学间自由讨论。同时邀请行业专家对交流作品进行精彩点评。

点评嘉宾：

李迪华　北京大学建筑与景观设计学院景观规划设计研究院副院长、《景观设计学》杂志副主编

孔祥伟　北京观筑景观设计公司总设计师

庞　伟　广州上人景观顾问有限公司总经理兼首席设计师

李宝章　加拿大奥雅景观规划设计事务所创始人、董事及设计总监

A组参与项目交流的同学和作品：

A1：朱柏葳《"毛细现象"——哈尔滨松花江上游群力新区城市湿地公园景观设计》

A2：郝培晨《北京朝阳公园边界渗透性改造设计》

A3：刘威《世界·视界——西安纺织城艺术创意园环境改造设计》

A4：王子璇《城市旮旯空间的景观再利用设计》

A5：杨明《融森》

嘉宾对A组汇报学生进行点评

李宝章：各位同学你们都很优秀，你们图画得都很棒，你们的学校都很好，表扬的话我就不想多说了，因为这些不是你们想听的或者应该听的，今天我就主要以批评为主了，我记得很多年前当我们做景观设计的时候也就是讲形式、创意、感觉、想法、风格等人文方面的设计问题，我们当时没有掌握与运用很多的科学知识，尤其是生态学知识。这次我非常高

兴地看到我们开始讲生态的设计，而且讲得非常专业，连我都听不懂。我还看到了一些特殊的景观类型的设计，比如创意工业园的景观规划以及苏州市老区街道"剩余空间"的提升与利用。在这些项目中同学们把城市问题、与建筑和景观做统筹的思考，我觉得这是一个特别好的现象。但是，我最不满意的是你们的设计做得都不够好，即使是那些得了设计奖的项目的设计也没好到哪儿去。你们把设计分析得再好、表现得再好，如果你们的设计做得不好，你们的作品没有市场价值。你们最大的不足是你们的设计不够吸引人，你们的创意感动不了人。据说今年的评奖的过程是先从550个作品里面评出90个，再把评出得作品归类成几个不同的奖项。我觉得这些奖项评得特别好。好在哪儿呢？得最佳表现奖就是表现得好，分析与设计还真的不怎么样；得最佳分析奖是分析得到位，表现与设计还真的是乏善可陈。这是为什么？早先我们这个专业人才的状况是不太专但比较全面，我们现在又变成了很专但是很不全面。我希望我们都是又专又全的学生，我希望你们的作品样样都好：选题好，分析好，表现也要好，但是最重要的是设计要好。因为对于我们这一行来说设计能力是我们的临门一脚，如果你们临门不能进球的话，在这之前的动作都变成了耍花活的。我最大的担心是以后你们参加一场球赛，你们会用很大的力气把球带到门口，但就是把球踢不进去。

下面我就一个一个批评你们。我觉得第一位同学汇报的项目很好，能把生态问题讲得这样透、把生态技术用得这样好十分难得。Ian Mcharg在《设计结合自然》一书里说得非常好，医学离开了科学就是巫术，那么景观设计师离开了生态科学是什么？可能是种树的工匠。将生态科学引入景观设计是我们这个行业的一大进步。但是承认了这个事实以后，我们不能说只要按生态原则设计的公园就是一个好的公园。一个好的公园环境还要有设计创意，要分析使用者的需求，要满足使用者多次使用公园的体验，以及植被随着季节变化而给公园带来的景观的丰富性。说到底我们从遵循生态的设计原则开始，但是要超越生态本身，创造吸引人与感动人的公园环境。

第二位同学设计的表现与手法都非常好我必须肯定，但是研究问题的思路让我觉得难以理解。我觉得你对公园的边界进行了纯形式的研究，也就是说从形式到形式的研究。公园边界的设计从来是离不开城市的

context（地段与周边的关系）。如果周边的情况需要公园的边界是开敞的，公园的边界就要开敞；如果周边的情况要求公园的边界是封闭的，公园的边界就要封闭。实际上你针对具体地段的设计也没有完全按照你对形态的研究来做，而是跟着城市的周边条件（context）在做。所以，我倒是更希望你不要把公园的边界当成一个独立的现象，而是把边界与context在一起研究。好比说大都市中心的公园的边界一般都很封闭，如纽约的中央公园就很封闭；英国的古典公园中在市中心的小公园的边界封闭的多，大公园与城郊的公园的边界就开敞的居多，这都跟周围城市语境有关。我们不能离开边界的功能与周边的环境条件来谈公园的边界形式，不能从形式到形式地研究景观。

第三个项目的选题特别好，而且有层出不穷的精彩的想法。比如这位同学提到创意园是一个艺术家既能展示作品，又能不受干扰地开展工作的地方。然后，你按照这个思路提出了一个空中廊道的概念，即游人可以在空中廊道里观察艺术家的作品与工作过程，但是又不打扰艺术家的工作。但是你戛然而止，又开始谈在总体平面布局上用布料编织的暗喻，这种暗喻来自于本地段原本是个纺织厂的史实。但是你又戛然而止，开始谈一个可以作为展示场地的景观建筑的设计。你在汇报中说你发现在设计过程中没有办法进一步发展设计，其原因是你这种打一枪换一个地方的设计方法。一个好的设计一定要咬死一个主题，把一个主题做透，其实创意园就是一个艺术家又能创作又能展示的地方，这个主题非常好，如果你紧扣着这个主题做下去一定会有一个精彩的设计，而不是不断地产生新的设计想法。

最后一个项目是做了一个生态建筑。我觉得建筑的造型挺乱的，我是觉得这位同学把生态部分讲得挺好说得挺好，然后你就开始用你的宝贵的时间不断地向我们讲阳光是什么，风是什么这些不必要讲的问题。最后让我们还是回到设计本身，我们作为景观设计师的本职工作就是通过我们对社会、人生、技术与艺术的理解与研究，用景观师的设计媒介与设计语言改变人们的生活环境，让我们的生活更美好。感动我们的设计的使用者，让大家的生活更美好，更有意义，这就是我们今天在这儿相聚的原因。

孔祥伟： 第一个项目我很感动。为什么呢？我看了这个设计特别感动，其中有三个跟我有紧密的关系，有非常紧密的关系。第一个方案这是一个群力新区的世纪公园，我们是在三年前做这一个世纪公园的规划设计，是个概念规划设计，但是最终方案都停止下来也没有往前进，但是我自愧不如，不如这个方案做得好，的确不如这个好。因为这个现场所有的地形我非常清楚，我去过现场，也是唯一一次到哈尔滨，可以讲我们三年前做的那个方案比这个方案来说要平淡很多，虽然方案还有一些地方比如说人集散的场所缺少一些，但是我认为有几个非常好的优点，第一个是水体的形成，当然这个图片有点遗憾，我在前面看到了。水体形成非常自然，是基于场地的标高，现场形成这个水体非常美，我讲得具体一点。第二个就是你这个游线，整个周边的游线非常棒，有几个节点很快，另外一个三秒钟的设计把人当成动物我也很喜欢，我们下次做的时候也采用一个，这个设计方案非常好，很值得学习。还有一个就是你这个绿地整个湿地营造的气氛我认为表现得都非常好，很苍凉，这几个节点非常好。

第二个项目是朝阳公园边界，这个为什么跟我有关呢？因为我住的非常近，你那个西南界面我是经常去吃饭的，五块钱就给请去了，效果非常好。这一个我就讲你是一个边界渗透设计，我非常认同你这个点子特别好，潜力特别好，同时具有批判性的。的确这一个朝阳公园是被称为亚洲最大的公园，我也经常带孩子到朝阳公园里面去玩儿，但是咱们传统的中国城市公园往往是封闭的，一定是风景化、园林化的，参与性、情节性都不强，包括水体非常硬，这个不是，所以你这个选题非常好，并且你这个西南板块把它设计成岛屿状，我相信旁边那些商业设施肯定会升值。但是

如果事情是这样，我估计包子铺肯定是存在不了了。我就是提两点，我觉得可以改进，第一你应该分析四个界面，每个界面不同的所面临的属性以及内部的属性，比如说东面是东四环，是一个城市快速路宽阔的城市绿化带，它的西面就是从最南部的凤凰卫视中心再到我刚才说的非常繁华的商业街，但是通过你这个分析我没有听到一个关于目前它周边物业形成的名称，一定要基于这个物业形成，到底是干嘛的。公馆肯定是要封闭，包子铺可以打开，凤凰卫视也可以打开。然后还有就是周边的一系列界面，如何去解决，我觉得是很好地从一个物业业态的形式来做，所以这个方案落地具有可实施性，不仅仅是一个理想化的设计。

第三个项目跟我有更紧密的关系，因为第三个是纺织创意产业，我目前的办公室也在这个附近，那么这一个你的选题也非常好，能够认识到一个工业厂区的价值，然后你进行了环境设计，这个思路包括出发点、用一些直线连通这都非常好，我就不提了，但是我想一个创意产业项目最重要的首先是要分析它的物业业态，因为它目前不是像北京798一样已经自发地形成了一个非常繁华，非常具有原生态，当然现在798也不原生态了，生长起来要重新开发，所以首先应该把物业的业态考虑好。你比如说特别是中央的大厂房，中央大厂房你没有任何的一个方式，提一点点建议，就是我们那个厂房国民创意，原生化产业一模一样，都是锯齿状的，切割了30种，封闭的厂房切割出去，让雨，让风都进来，然后使整个大的厂房进行物业的一块，我想忽视了厂房本身这个建筑物业，但是你后面的手绘图都非常精美，包括分析也是非常到位的。

第四个是城市发展空间，这一个是关于主街道的，优点我想选题肯定是非常好的选题，还是具有非常好的生态价值和公共价值，我想这一个更多的是一个生活价值，所以这个你也提到了，也是一个优点。另外考虑到包括地域文脉，水体的应用，包括机动设备，非机动设备，通道你都考虑的非常周到，但是我想提升的部分就建议你看一本书——简·雅格布斯的《美国大城市的死与生》，这个城市街道，特别是原生街道的一些优点在什么地方，实际上你在一个空间里面琐碎的这些景观它具有非常好的价值，一个生活价值，历史人物价值，哪怕破烂一点也没关系，所以你应该增加对原有空间排布过来分析，哪些进行保留，哪些稍加修饰，是要有一个清晰的过程。另外我讲特别是原有保留的，当然我最后非常欣赏你最后一页，这个特别好，我特别喜欢吃东西，特别喜欢到小间包子铺里吃东西，你整个设计应该把这个作为进化，把生活作为进化，总体还是非常好的。

最后一个是关于生态建筑，我想正是因为刚才他讲到的一系列技术分析和理解那是最好的优点，但是需要长线来解释，解释到这儿非常好。但是我想作为一个生态建设是一个单独建筑的课题，所以你还是要从建筑本身做具体的分析，你比如说这个题目跟日本的一个建筑师提出了一个理论，就是如何把建筑融入到自然当中，我觉得你这个还是可以吸取，总体来说不错，谢谢。

李迪华： 我就讲一句话，因为最后我还要给大家一个总结，刚才各位点评的老师们一边鼓励一边抽打，我想这是北大的一个风格，不能一味的鼓励让大家轻飘飘的，我想老师们的鞭策可能会更加重要一些。

庞伟： 前面几个同学的设计，我特别理解宝章老师说的不满意是设计上的不满意，其实根本的一个原因就是有一个共性的东西，就是大家对人关注得太少，无论是我们研究的场地外，场地中和场地有联系的有哪些人，有哪些类型的人，他们会在什么时间去使用这个空间，他们会用什么方式去使用这个空间，这些东西几乎没有触及，所以我想大家在所有的这些方案里面很容易改进，但是我们期待可能到明年会有大的突破，通过这个设计不断地提升中国的设计水平。

B组参与项目交流的同学和作品：

B1： 袁东《人、建筑、自然的和谐统———南江县药材研究所办公空间概念设计》

B2： 张斌全《时代·复兴》

B3： 蒋浩杰《Back to life——户外复健空间概念设计》

B4： 张春妮《心灵的隐喻——人类情感体验景观设计》

B5： 陈浩《滤岛——唐家桥污水处理厂景观再生设计》

嘉宾对B组汇报学生进行点评

庞伟：我一直有个观点，做设计的人在自己人当中，自己的队伍里面受到鼓舞，受到激励，要壮胆这个是很重要的，所以基于这个前提思想我觉得是肯定要说 些好的。景观设计学多好，就是五个项目从自然、工业、人的复健到校园和心灵，到污水这么广泛的一个系，触及到社会的方方面面的关怀，我觉得我们从事的工作，这种视野是前所未有的开阔，直接关注人类生活的方方面面，而且是抱着一种改造社会的决心，跟大家分享乔布斯的话，让我们改变的可能每个人都找局限，但是最后大家就是改变世界的一个角色，这是很勇敢的，大家的设计都非常好，设计的技巧，工作的厚度、结构，在校的同学就能达到这样这是不简单的，所以我觉得特别仰慕你们，回想当年我自己没有这个水平，也没有这样广泛的视野。

下面分别点评一下，第一个方案我真的要跟你商榷一下，前一段时间有一个国家领导人的报告里面27次提到"中华民族的伟大复兴"，我们刚才在你10分钟的汇报里面多少次听到"人与自然"这样的大词主义，我们哪个项目不是在触及人与自然，为什么这个项目就非要把这个口号叫这么多遍，口号叫多了实际上是对具体事情的忽略，我特别想具体地看到你说的那个山，那个沟，山存在的坡度，风从哪里来，水从哪里来，这山的本身安全性如何，地势构造如何，土壤、植被要具体化。要不然就是仅从人和自然的口号不好谈，人和自然真的是一方面互相依附，互相地斗争，而且是颇为残酷的斗争。

第二个项目强调建筑是独立生出来的，这个思想在此之前就有人提过，这个想象力特别奔放，但是某种程度上也非常矛盾，当你提出这个问题的时候，一方面说是创造力、想象力或者说是年轻人奔放的思维，我觉得这是年轻人最宝贵的年纪阶段的思维。但是另一方面可能中国社会在这上面吃的亏又很大，我们看到很多所谓的创新往往又是不负责任的，张牙舞爪的，都是对创新的分寸缺乏衡量造成的。所以，我们现在所有设计的东西都是打着创新的旗号，垃圾筒也不老实，电线杆也不老实，没有一个东西是老实的。住宅楼本来好好的盖在那，为了造型在上面背一个很大的架子，花多少钱啊，所以我觉得这个是方案需要商榷的，希望保持你设计思路的情况下，把我提的问题思考一下，完全是一种意见，我觉得不断地被人们提出质疑，然后进行修正和提升，这是我们一生都要去研习的素质。

第二位同学的设计，我就感觉到如果是你单独做的真了不起，一个设计院做的也不过如此了。这么面面俱到，这么厚重，真的不容易。但是有一个感觉，就是这么厚重的情况下我们做邮票，一套邮票四、五张，其中有一张是最贵的，称之为票胆，这张不见了你那套邮票不值钱了。所以这个胆在哪里？在一系列厚重的结构里面突出一个让人特别难忘的东西这个素质要有，实际上不能把所有东西都摊平了，把价值都给平均化了，这个可能要注意，要形成一个主要想要表达的意义，要把胆给突出出来。

第三个方案广州轻工，非常好的项目，能对一个复健的项目进行这么耐心的研究，我觉得一个在校学生能够冷静、耐心、收敛地把整个项目完整做出来非常让人佩服，这里面没有任何张牙舞爪的，为了所谓的美，

为了所谓的造型多余的东西，而是耐心、得当地把设计的内容做出来，这个品质值得学习，我向你致敬，有这样一个项目的话，一切关于环境的争论其实都可以给个结论，环境是帮助人类解决问题的，帮助人类趋向健康的，这个项目不得奖是之前评委老师的眼力不好。

再下一个是武汉科技的，这位女生很厉害，她把环境跟心灵的关系一下子提到了一个高度，而且做了一个很好的尝试。你走上这条路我就觉得应该恭喜你，希望通过这个案子，你在这条路上可以走很远，凡是提到了人类的心灵，我想这就是我们能看到的最艰难的一条路，人类的心灵像迷宫一样，他的晦涩，曲折，这难以揣度，我想跟宇宙本身是一致的，这条路非常值得去琢磨，如果你有兴趣，作为设计师终身去探讨空间跟心灵的这种感应关系，我觉得都是非常值得的。但是很忌讳的一点就是把这个事情做得粗暴或者简单化地对应，弄几个彩虹就是幸福园，这个是对我们人类的幸福太简单的一个概念，这个事要忌讳，宁可一直在路上而不要拿出一个不好的果实出来，这就简单化了，我觉得这是很好的一条路。

最后一个就是川北的污水，我觉得你太老练，太醒目，而且本身形象也不错，上来以后基本功很好，如果我收拢几个小会招员工，都会选你，做得很好。汇报的层层递进还有动画，这是招投标的杀手锏都学会了，所以我觉得就是有点太老到，设计的空间各方面做的都老到，但是暴露的心灵的那个问题，焦虑可能不够，把很多问题反而掩饰了，到底这个场地或者这个设计的破绽在哪儿，有些时候优秀是在破绽的边上，所以有的时候你要把问题充分暴露出来，没有充分的暴露那种焦灼、困难、矛盾，也就使这个案子的优秀度打了折扣，所以说现在对于解决矛盾，解决焦灼看到的可歌可泣的不够。我就是鸡蛋里挑骨头，剩下的给我们各位优秀的评委，就说这些，谢谢大家。

孔祥伟：我也是沿袭刚才的点评，每一个快速地说一下。还是感觉很感动，特别是有几个非常感动的，因为前几年我就参加过作品展的评选，今年我看这10个案例比以往几年的作品从逻辑思考、分析的详细性还有表现手法都有非常好的进步。第一个项目我非常喜欢药研所建筑设计，实际上你更多地突出的是建筑设计，我很喜欢你西兰花的房子，非常有趣，所以这也是非常好的。我觉得从这个方案我没有太多的偏见，你说这个建筑是从土地上生长出来的，还是悬挑于空间的，都有一定的余地，在设计当中有一定的余地可以发挥我们的创意，特别是像蘑菇一样西兰花一样的房子。但是有一点我没有看到这个山体的现状是什么，它原有的资源是什么，它的树，土壤，岩石是怎么样的，我觉得这是最大的一个遗憾。

那么第二个项目，刚才庞伟说有一个很大的帽子是时代复兴，我以为是跟辛亥革命有关，因为辛亥革命百年。的确是跟历史有关，你也提到一个工业革命，当然这个厂区跟工业革命还是有一个比较远的关系，但是我感觉分析特别好，整个前面的分析特别好，我所说的分析就是图片一致性，包括连续性我觉得非常重要，作为大学作业更加可贵，但是还是有一点，没有看到非常好的一些厂房的点在什么地方，之间的关系也没有进行分析，并且这里面我觉得最不可取的是一些曲线的运动场地，活动场地跟整个的工业遗产我感觉是不相符，大可不必这么做。

第三个项目，这里面有故事，我听了第三个项目后非常沉重，并且带有忏悔之心。为什么说忏悔呢，因为这正好是我今天要特别讲到的一个故事，因为在我设计的一个公园里面，是非常大的一个雕塑公园，其中有一个庭院，我很喜欢自己设计的庭院，直线条应用废旧钢板，里面还有台阶变化，但是正当我沾沾自喜，拿着相机去拍现场的时候，有一个孩子跑过来，跑得很快，他妈妈在后面追说不要跑，还没有说完就摔到地上了，这个地方有三个台阶，你说这个也无法完全归咎于设计师，三个台阶是很正常的，他就从三步台阶之上摔到地面，整个面部鲜血直流，当时我感觉

很痛苦，就像刚才看到第四个痛苦园一样，非常痛苦。我感觉非常有忏悔之心，后来一段时间我想起来我就在反思这个问题，能否把一些不必要的台阶去掉改成坡道，这个实际上是完全可以做到的，就是这一点细节，我想恐怕还有很多故事，比如里面一系列非常强烈的设计园，看起来形式非常好，但是能够给人带来很大的伤害。所以这个园子让我想起了这个故事，其中的一个细节、护栏，护栏实在是很一般，从设计形式、设计角度非常非常一般，但是就是这个护栏是我们要思考的，我们是要一个形式美，特别有形式美感的设计，还是要一个非常舒适，哪怕是平庸的设计。我们是选择美好的形式还是选择安全性跟舒适性，这的确是应该思考，不仅是我们在座优秀的大学生要思考，包括我们一定要思考，成熟的设计师也要思考这个问题，可不可以多一些看似平庸的一些设计，一些服务设施，所以这是给我带来的一些思考。

另外我非常喜欢第四个项目，这个PPT非常精美，每一张PPT从构图到表达方式都非常精美，让人感觉很开心，虽然园子的设计可圈可点，但是我很喜欢你拼接式的平面构图，当然你也提到了文学，我感觉你这四个园子非常强硬地从痛苦的迷茫到希望到幸福，我宁可选择后面两个园子，前面两个园林自己会荒掉，一定要在第一个和第二个挂上一个"抑郁者免进"，这个过程出发点虽然很好，但是我想这个有点强加的意味在这里面。但是我很喜欢，非常喜欢这个方案。

第五个项目绿岛，我和庞老师的观点不同，我认为重视污水处理厂，正是很沉稳的一种思路，我特别倾向于你花了大篇幅讲这个水净化技术，包括技术怎么样，空间怎么样都很恰当，但是我也特别提一下庞老师刚才的观点，就是没有看到空间。正是在原有的空间基础上不断地叠加产生这样的效果，你这个技术包括一些功能性我还是很认同的。因为我今天看到10位参加汇报的同学当中有7个是环境设计专业，回想当年我们学这个专业的时候什么也没有学到，你们现在做的这些作品，可以说比我们成熟设计师出手还要老辣，所以，还是要祝贺大家，你们做得很好。

李宝章：今天庞老师说了很多非常语重心长的话，并用非常谨慎的态度来鼓励大家，我觉得很值得我学习。但是，今天我还是决定批评到底。

首先第一组的同学应该放心，第二组的同学没比你们好到哪里去。第二组同学的题目的最大缺点都是题目过大。我对设计选题评判的标准是内容越具体，范围越小，做的越深就越好；相反，内容越概括，话题越开敞，范围越大就越难做好。我就是根据此标准来点评大家的设计。但是在这之前我想讲个故事，我的一个好朋友，奥雅建筑公司的施旭东总建筑师在到澳大利亚的一家知名建筑事务所工作之前已经在国内有多年的建筑设计工作经验。他告诉我说他在国内画建筑施工图时像门框与门把这样的建筑构件都是见标准大样，其实写见标准大样的人谁也不知道标准大样是什么样。1997年他到了澳大利亚的这家知名建筑事务所，他前半年的工作就是设计门框与门把。他从而知道世界上的门框分五大类十几种铰接的做法，门把分三大类无穷种做法。画了半年门把后，能把门画好了，才允许他做小房子的设计。施总说这半年画门把的训练而培养出来的认真的精神与设计方法对他以后设计都产生了深刻的影响。就是这样，我希望我们的同学从小的设计题目做起，先在小的题目上得到严格的基本功的训练，然后再尝试大一点的题目。所以，我认为在大题目和小题目做选择时我们应该选小题目，在标准答案和非标准答案之间我们永远应该选择非标准答案，在大众化与个性化之间我们永远选择个性化的答案。而且永远要跟着自己真实的情感走，这样才有可能做出感动别人的设计。

按着以上的标准，让我们先看看第一位同学的建筑设计。我觉得学景观的同学一定要会景观建筑的设计，我首先要肯定第一位同学的尝试。我不明白的是一个生态与乡土建筑为什么用大片圆形玻璃窗？你的大玻璃窗的造价是非常贵的，造圆形玻璃的能源消耗与技术要求直接与你的乡土建筑的主体相冲突。话又说回来了，为什么不直接向乡土建筑学习，并用现代的语言与工业化施工手法来做新乡土建筑呢？你干嘛不把你的生态原则的风向与日照分析融入农舍的设计里面，做最便宜最实用的新乡土建筑？如果你真的能把这种建筑做好你是可以获国际大奖的。实际上阿珈汉建筑大奖是专门为现代乡土建筑而设的，大部分拿奖的建筑也都是这么做的。对不起我可能批评得尖锐了点，但这也是出于一种爱心。如果我们关起门来把你们批评得狠点，你们出了自家的门会拿出再好一点的东西给别人看。

第二个同学完成了一项不能完成的任务。你一个人一个学期下来能把厚厚一本A3的文本的图画完就已经很伟大了，而且你还能把排版做得这么好。表扬完了，下面是批评：你简直就不是在做设计，而是在做苦力。我觉得你可能在整个过程中就是在拼命地画图，你实际上不会有时间做深入的设计研究的。我在我们公司里常常讲，甲方雇我们要的是我们的设计，不是我们画的无用的图纸。一个设计师的任务是通过认真的专业的分析与思考，为甲方提出能够解决问题的设计思路，然后用合适的图形与文字语言把我们的设计想法表达出来。你们的学习目标是把自己培养成为设计师，而不是绘图员。我不能把话说得比这再恶毒了，但是我希望你们能理解我的一片好意。

第三位同学的设计，可以肯定的是做了大量的工作，而且医疗康复设计的专项花园肯定是一个很好的选题。需要批评的是这个项目的地段太大，想要做的内容太多，以至于没有一个专项做到了令人满意的深度。我在加拿大UBC学习时的一个教授专门研究可以帮助病人恢复的医用芳香花园。其中一项得奖的研究成果就是如何设计一个供用轮椅的病人康体恢复用的花园，这个花园的规模是你的花园的1/10。我记得在这项研究里，这位教授花了大量的精力研究一个坐在轮椅上的人怎样能在一个升起的种植地里种花养花。他还研究了得了什么病的人应该接触什么样的植物。他还通过调研发现坐轮椅的人如果自己可以操控轮椅，最不喜欢让别人帮忙，所以，在花园中人性化的无障碍设计是花园设计的另外一个重点。回到我开头说的话，如果选一个小的题目并把它做精，你们会从中学到更多的东西。

第四个设计从选题到设计我都特别喜欢。但是你的问题在于你又铺开做了四个园子：痛苦、迷茫、希望和幸福，而其中的任何一个花园做好就已经非常了不起了。我同意庞伟老师的说法，这是一个不好做的设计题目。我真希望有一天能设计这样的表现人类基本情感的主题花园。比如做以痛苦为主题的花园：痛苦是人类的常态，对痛苦的淋漓尽致的表达是一种解脱，人类往往将痛苦与纪念联系在一起。所以，我觉得你的痛苦花园并不太成功，因为在你的花园里我只看到了痛苦，没有看到纪念与希望。

痛苦本身就是一个非常大的题目，在柏林的犹太人纪念馆里有一间表达痛苦的纪念装置，满屋的地下铺着铁板做的痛苦人的人脸剪影，当人在上面走过时，空间回荡着铁块相撞的叮当的回声。我觉得这个纪念装置非常好地表达了痛苦的主题。我相信如果你只找到一个你最有感觉的主题去做进去，做透，而不是摊开做四个花园，你会做得更好。对最后一个同学的设计，我的评论跟孔老师的评论一样，我觉得你的设计做得很沉稳，设计手法也挺成熟，可以直接到我们事务所工作了。他的设计得到大家认可的原因也就是因为很特殊而且很具体，咬住一个问题、做透一个题目就会做出一个好的设计，不要以打一枪换一个地方的方式做设计。作为结束，我希望我们永远从小的题目开始，永远关注最基本的命题，永远做最基础的学问，永远聆听自己最真实感受，永远遵从自己最切身的体验，永远拒绝标准答案。我相信你们都有成为一个优秀的景观设计师的潜质，如果我今天说的话刻薄了点，都是因为我们对于你们寄予了非常高的期望，谢谢你们的耐心。

"致被淘汰作品的创作者"——李迪华老师在学生论坛上的发言

各位老师、同学们，非常感谢大家参加今天的论坛。对于今天的论坛，前面几位老师讲得都非常精彩，已经不需要再总结了。因为明天的颁奖仪式流程中没有时间对"2011年中国景观设计学专业毕业作品展"整个活动进行总结，因此，我今晚的发言就算作一个扼要的总结。今天来到这个会场的十位同学，是来自全国145个高校512份作品完成人的代表，每年这个论坛上，我都要做这样一个简要发言，我力求每次都有所不同。今年发言内容的不同在于，我不是说给刚才发言的十位报告人的，你们已经非常荣耀地来到这里，接受北京大学建筑与景观设计学院的奖励。我想把今年的总结留给那些没有机会来到这里，作为大家的"绿叶"的那一部分作品的完成人，他们非常勇敢地跟你们一起投寄了自己的作品，但作品没有获得参展资格。因此，今天的发言题目是"致被淘汰作品的创作者"。

从2005年第一次组织毕业生作品展7年以来，我们收到的参赛作品数每年都以30%以上的比例增长，但每年评比出来的获奖作品数量并没有增加，甚至今年较2010年比还减少了。为什么呢？因为我们一直坚持严格统一的标准对收到的作品进行评审。北京大学建筑与景观设计学院组织这个活动的目的如果只是要给大家颁奖，对于成长过程中已经得到很多甚至太多肯定和奖励的你们来说，毫无意义。我们的目的很明确，就是要通过大家来影响中国的设计教育，促进中国的景观设计与景观规划教育改革，推动景观设计学学科发展。这个想法多年来得到了社会各界的持续支持，在座的中国景观设计界的领军人物，好几位每年都出现在这个会场，不辞辛劳，不厌其烦地给大家做点评。这样做的动力毫无疑问来源于对这项工作的高度认可，让我们一起对他们的真诚支持表示衷心感谢！

回到我要讲的主题上，我想对那些被淘汰的作品的创作者们说8句话，我想用这样的方式，告诉大家为什么有的作品被淘汰了。我要谈的8点内容，形成于遴选时与评审专家的讨论，这些观点可以看作评审专家们的共识。作品没有被选中，原因可能是综合的，不一定能够从我讲的几点意见中对号入座。我希望，顺着这样的思路寻求改进自己设计的途径，一定会有所收获。更希望透过今天的会场，把这样的意见传达给将要进入毕业设计阶段研究学习的学生们，因为他们更希望明确方向，获得鼓励，调整行动，创造尽美。出于这样的想法，我努力让自己的概括尽量全面一些，尽量实在一些。下面是我要讲的8点意见：

第一叫选题商业化。选题是导师的市场项目，方案是为了完成甲方的任务，没有挑战，没有独立思考。被淘汰的作品中至少1/3是这样的选题。我们的意思并非指市场项目不能作为毕业设计选题，主要是成果毫无挑战性，完成人没有在完成市场任务的基础上，花费更多的心思去研究场地，大胆提出自己的想法，坚持并完善自己的想法。大家要意识到，当我们培养出来的学生，能够提供比市场期待的好得多的方案，大家的工作才可能被社会认可，这个学科才可能受到社会的尊重。

第二点是用宏大的、空洞的、模糊的、似是而非的，甚至道听途说的辞藻表达自己的设计意图。这样的语言，掩盖了设计者内心的不确定与空虚，设计结果必然是一堆花里胡哨的图画，很难有实质性的设计与解决问题的方案。大家误以为社会欢迎甚至沉溺于这样的辞藻，我们就可以去迎合，我认为这是一种不负责任的表现。在北京大学的景观设计学教育中，研究生在校期间，禁止使用"天人合一"、"以人为本"、"和谐"、"道法自然"、"灵气"、"大气"和"观赏植物"等自己并不一定能够准确说出其含义，别人的理解更可能大相径庭的词汇表达

自己的思想。我们就是要通过严格改变大家的用语来改变大家的思维方式，转而关心实际问题、具体问题，并用准确直白的语言表达自己的思想。希望大家加入到这个队伍中来。

第三是没有真正理解生态学，可持续发展，文化关怀，人文关怀，低碳城市，人性化设计等先进理念与知识概念。这些概念都非常好，设计要应用它们，必须首先准确理解它们，同时将这些概念与自己的场地紧密地结合在一起思考，否则知识和理念只会一直停留在口头上。只有准确理解，才能把握场地问题，理解场地中生活的人的生产与生活方式，进而提出场地解决方案，形成务实的成果。

第四是对场地的理解没有明确的目标，导致或者是没有实质性的解决方案，或者是解决方案与场地的实际问题完全脱节。最近几年的作品评选过程中，专家们普遍感到的一个进步是，收到的作品比上一年更重视场地分析了，这是好的趋势。然而同时不得不讲明，随之而来普遍存在的另一个非常严峻的问题，就是许多作品是为了分析而分析。这样的分析不带目的，因而分析出来的结论通常不能支持设计，导致解决方案与对场地的分析与理解相脱节。

第五是没有创造人的活动与交流空间。大家永远要记住，几乎所有的设计都是在为人而做，因而无论什么时候，无论在哪里做设计，首先想到的就是要研究场地中已经存在的和未来一定会要存在的人的活动。场地中人的活动，有的是可以预见的，有的是不可以预见的。对于可以预见的，要针对性地进行设计，对于不可预见的，要留下足够的空间让人们有自发活动的机会。

第六是制造了新的场地麻烦与问题。一块场地本来好好的，设计却制造了大量新的问题与麻烦，如造价与项目性质不符；解决方案与当地生物气候自然条件或者人们的生活习惯不符；对场地不必要的大规模改变；可以预见的建成后高昂维护成本和显而易见的安全隐患等。

第七是使用已经饱受诟病的设计手法与滥用符号元素。这些设计手法与符号元素，包括大而不当的广场、滥用的喷泉与汀步、奇石假山、奢华的装饰、不当的铺装、过度照明、杜撰的文化联系、附会的图案等。它们的出现，常常表明设计者对景观设计的理解尚处于非常粗浅的阶段。

第八是自造炫丽的辞藻含糊表达设计意图。虽然2011年很少有作品因为这个原因被淘汰，但许多作品中出现的自创的表达方式已经违了语言规范，是不可接受的。现在提出来，希望特别提醒2012年的参加者。来年我们也将在提交作品的要求中，增加准确使用语言的标准。比如今年收到的作品中出现如："水墨共生 · 新映古韵"，"π · 无限发展"，"时空之径，岁月穿梭、渔趣——连动下渔舟"，"印象海州，逸乐锦屏"，"音跃空间，活力之城"，"溯洄 · 溯游"，"茹水涵川"，"溪壑虚境"，"自净＋轮回"，"25℃城市生态保湿设计"，"寻迹 · 循继"，"流者 · 动也"，"荷醋斟露"和"水 · 主 · 沉 · 浮"等，希望类似的表达，将有一日会从设计学专业毕业作品中消失。

我希望今天的发言不会伤害那些没有获奖的作者们，如果伤害了大家，我对此深表歉意。欢迎大家用我的方式，对我的发言内容提出质疑，让所有对今天中国景观设计与景观规划教育和学科发展的质疑声音汇聚在一起，共同推动景观设计学人才培养，共同推动景观设计学更好地服务国家需求。请向更多的人转达我们这样共同的诉求，期待明年会有更多更好的作品涌现。谢谢大家！

李迪华　北京大学景观设计学研究院副院长
2011年10月14日于北大英杰交流中心，11月2日整理

图书在版编目(CIP)数据

景观设计获奖作品集——第七届全国高校景观设计毕业作品展/北京大学建筑与景观设计学院主编. —北京：中国建筑工业出版社，2012.8
ISBN 978-7-112-14465-5

Ⅰ.①景… Ⅱ.①北… Ⅲ.①景观设计－作品集－中国－现代
Ⅳ.①TU986.2

中国版本图书馆CIP数据核字（2012）第146216号

责任编辑：郑淮兵 杜 洁
责任校对：王誉欣 赵 颖

景观设计获奖作品集——
第七届全国高校景观设计毕业作品展
Awarded Collection of Landscape Design and Planning
The 7th Chinese Landscape
Architecture Graduate Works Exhibition
北京大学建筑与景观设计学院 主编
＊
中国建筑工业出版社出版、发行（北京西郊百万庄）
各地新华书店、建筑书店经销
北京嘉泰利德公司制版
北京画中画印刷有限公司印刷
＊
开本：889×1194毫米 1/20 印张：$5\frac{2}{5}$ 字数：350千字
2012年8月第一版 2012年8月第一次印刷
定价：**49.00**元（含光盘）
ISBN 978-7-112-14465-5
(22519)